浙江省普通本科高校"十四五"重点立项建设教材

海上风电支撑结构

主　编　朱嵘华
副主编　王立忠　焦鹏程

中国水利水电出版社
www.waterpub.com.cn
·北京·

内 容 提 要

作者基于海上风电发展现状及海上风电工程实践经验，充分考虑相关专业学生、行业初学者对于了解海上风电支撑结构的需要编写了本书。本书主要内容围绕海上风电支撑结构设计展开，包括海上风电场前期勘探、基础冲刷、结构防腐、荷载分析以及基础设计等，对在工程中如何开展海上风电支撑结构设计工作进行了较为详细的阐述。

本书为浙江省普通本科高校"十四五"重点立项建设教材，可作为高等学校海上风电支撑结构课程的教材，也可供有关工程技术人员参考。

图书在版编目（CIP）数据

海上风电支撑结构 / 朱嵘华主编. -- 北京：中国水利水电出版社，2025.7
ISBN 978-7-5226-1906-4

Ⅰ.①海… Ⅱ.①朱… Ⅲ.①风力发电－支撑 Ⅳ.①TM614

中国国家版本馆CIP数据核字(2023)第217329号

书　名	海上风电支撑结构 HAISHANG FENGDIAN ZHICHENG JIEGOU
作　者	主　编　朱嵘华 副主编　王立忠　焦鹏程
出版发行	中国水利水电出版社 （北京市海淀区玉渊潭南路1号D座　100038） 网址：www.waterpub.com.cn E-mail：sales@mwr.gov.cn 电话：(010) 68545888（营销中心）
经　售	北京科水图书销售有限公司 电话：(010) 68545874、63202643 全国各地新华书店和相关出版物销售网点
排　版	中国水利水电出版社微机排版中心
印　刷	天津嘉恒印务有限公司
规　格	184mm×260mm　16开本　14印张　290千字
版　次	2025年7月第1版　2025年7月第1次印刷
印　数	0001—2000册
定　价	89.00元

凡购买我社图书，如有缺页、倒页、脱页的，本社营销中心负责调换

版权所有·侵权必究

前　言

　　海上风资源更加丰富稳定，海上风电靠近用电中心、不占用陆地资源，是新能源发展的主力军之一，是传统能源的补充和替代。然而，相较于陆上风电，海上风电面临的主要难点之一是其支撑结构相关的工程技术问题。2021年后海上风电国家补贴取消，海上风电降本增效势在必行，因此亟须对现有海上风电支撑结构进一步优化，提高施工效率，降低海上风电支撑结构建设成本。此外，随着海上风电的发展，对相关专业人才的需求也越来越迫切。作者基于海上风电发展现状及海上风电工程实践经验，结合海洋工程、结构工程、港口航道工程等国内外相关规范，充分考虑相关专业学生、行业初学者对于了解海上风电支撑结构的需要编写了《海上风电支撑结构》一书。

　　本书以海上风电支撑结构为核心展开，内容共9章，针对海上风电支撑结构进行展开。本书的第1章为海上风电概述，对海上风电发展现状及海上风机岛结构进行了介绍；第2章为海上风机基础，介绍了海上风电机组所采用的基础形式及其优缺点；第3章为海上风电场前期勘探，介绍了海上风电场选址前勘探所需要做的工作；第4章为基础冲刷，介绍了基础冲刷的危害、机理及防护方法；第5章为结构防腐，介绍了海上风电结构腐蚀的危害以及防腐方法；第6章为附属结构，介绍了对提供风机承载力以外的风机辅助结构；第7章为风机荷载，介绍了海上风电机组及支撑结构荷载和设计工况；第8章为海上风机基础设计方法，介绍了风机基础海上风机基础的设计选型及设计流程；第9章给出了海上风电单桩结构、导管架结构的设计案例，有助于初学者加深对海上风电支撑结构设计的理解。

　　本书由浙江大学海洋学院朱嵘华教授主编，王立忠教授、焦鹏程研究员副主编，由浙江大学海洋学院王赤忠教授、葛晗副教授参编。本书在编写过程中参阅了大量的参考文献，在此对相关作者表示衷心感谢。

希望本书能为海上风电相关专业的学生和行业初学者提供帮助，鉴于作者的水平有限，书中难免有不妥之处，望读者批评指正。

作者
2024 年 11 月

目 录

前言
第1章 海上风电概述 ········ 1
1.1 海上风电发展现状 ········ 3
1.2 海上风电场布局 ········ 4
1.3 海上风机岛组成 ········ 6
第2章 海上风机基础 ········ 15
2.1 海上风机基础选型 ········ 17
2.2 固定式风机基础 ········ 20
2.3 漂浮式风机基础 ········ 33
第3章 海上风电场前期勘探 ········ 39
3.1 工程地质勘察 ········ 41
3.2 海洋气象观测 ········ 46
3.3 海洋水文勘测 ········ 51
第4章 基础冲刷 ········ 55
4.1 冲刷概述 ········ 57
4.2 冲刷机理 ········ 59
4.3 冲刷深度 ········ 61
4.4 冲刷防护 ········ 64
4.5 冲刷试验 ········ 69
第5章 结构防腐 ········ 77
5.1 海上风电腐蚀概述 ········ 79
5.2 海上风电钢结构腐蚀保护 ········ 81

5.3 海上风电钢筋混凝土结构腐蚀保护 ……………………………………………… 92

第6章 附属结构 ……………………………………………………………………… 99
    6.1 附属结构类型及作用 …………………………………………………………… 101
    6.2 海缆 ……………………………………………………………………………… 102
    6.3 海缆保护装置 …………………………………………………………………… 105
    6.4 靠船件 …………………………………………………………………………… 112
    6.5 灌浆连接段 ……………………………………………………………………… 117
    6.6 爬梯与平台 ……………………………………………………………………… 118
    6.7 其他附属结构 …………………………………………………………………… 119

第7章 风机荷载 …………………………………………………………………… 123
    7.1 荷载参数 ………………………………………………………………………… 125
    7.2 荷载计算 ………………………………………………………………………… 142
    7.3 工况组合 ………………………………………………………………………… 147

第8章 海上风机基础设计方法 …………………………………………………… 153
    8.1 基本设计原则 …………………………………………………………………… 155
    8.2 设计参数 ………………………………………………………………………… 157
    8.3 设计流程 ………………………………………………………………………… 164

第9章 简化设计实例 ……………………………………………………………… 181
    9.1 设计流程 ………………………………………………………………………… 183
    9.2 设计控制标准 …………………………………………………………………… 186
    9.3 单桩设计实例 …………………………………………………………………… 187
    9.4 导管架设计实例 ………………………………………………………………… 203

参考文献 ………………………………………………………………………………… 214

第 1 章　海上风电概述

1.1 海上风电发展现状

能源，作为人类社会进步的关键驱动力，深刻地影响着人类文明的演进历程。从古代燃烧木材的原始火焰，到现代核能、风能、太阳能等高效清洁能源的利用，人类社会始终在能源的推动下不断向前发展。每一次能源技术的突破，都伴随着人类社会生产力的大幅提升和文明水平的显著提高。随着化石能源的开采和利用，人类社会迈入工业时代，机器轰鸣，城市崛起，生产力得到空前发展。然而，化石能源的过度使用引发了环境污染、气候变化等严峻问题，促使人类开始探寻更加清洁、可持续的能源形式，以支撑人类社会的可持续发展。

在低碳清洁能源体系中，风力发电是最具发展潜力的能源形式之一。风力发电是一种将风能转化为电能的清洁能源技术，它通过风力驱动风电机组旋转，实现风能向电能的转换。风力发电不仅具有可再生、无污染的特性，而且在全球范围内拥有广泛的资源分布，已成为推动能源转型和应对气候变化的重要手段之一。据 *Global Wind Report* 2024 统计数据[1]，截至 2023 年年底，全球风电累计装机容量为 1020.7GW，可满足近 6.76 亿户家庭的用电需求，目前全球风电装机量仍在持续快速增长。风力发电站可建设在陆地或海上，利用不同地域的风力资源，为当地或远距离地区提供可靠的电力供应。相较于陆上风电，海上风力发电的风资源更加丰富稳定，场址更接近用电中心，风机单体容量更大。以三峡广东阳江沙扒海上风电场（图 1-1）为例，该

图 1-1　三峡广东阳江沙扒海上风电场

海上风电场位于广东省阳江市沙扒镇海域，总装机容量2GW，共布置315台5.5～8.3MW的海上风电机组、4座海上升压站以及近1000km的海底电缆。该风场每年可为粤港澳大湾区提供约56亿kW·h的清洁电能，可满足约240万户家庭的年用电量，减排二氧化碳约480万t。

根据 *Global Wind Report* 2024 的统计数据[1]，截至2023年年底，如图1-2所示，全球海上风电累计装机容量为75.2GW，我国海上风电装机容量累计达37.6GW，占全球海上风电装机容量的50%。自2018年起，我国每年海上风电的新增装机容量均位居全球首位。相较于陆上风电，海上风电具有以下典型优势：

（1）海上风资源更为优异。离岸10km的海上风速比沿岸高出约25%，海上风资源受地形影响较小，风速更平稳，风向改变频率更低。

（2）海上风电主要位于沿海经济发达海域，距离用电负荷中心更近，电力输送更方便，消纳容易，基本不存在弃风弃电问题。

（3）海上风电不占用陆地资源。

（4）海上风电的结构尺寸和重量基本不受运输条件限制，可装配单机容量更大的风电机组。

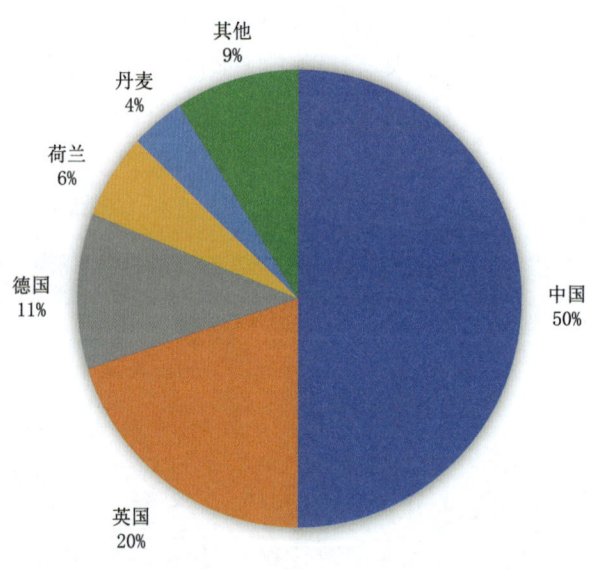

图1-2 截至2023年年底全球海上风电累计装机容量

1.2 海上风电场布局

海上风机通过海底电缆与海上升压站相连，而后经由海上升压站升压，再通过电缆将电能输送至陆上集控中心再并入电网,如图 1-3 所示。在海上风电场中,如果风机间的布置过于分散,那么用海面积以及连接风机的海缆长度就会自然增加,从而增大风电场的建设成本;如果风机布置得过于密集,由于受到上风向风机尾流的遮蔽作用,下风向的风机会产生较大的能量损失,如图 1-4 所示。故而,海上风电的布局应综合考量用海面积、海底电缆长度以及风能利用率等因素。图 1-5 展示了一种典型的海上风电场海缆布置示意图,每一列风机相互连接,最终汇聚至一根主缆,经由升压站集中输送至陆地。

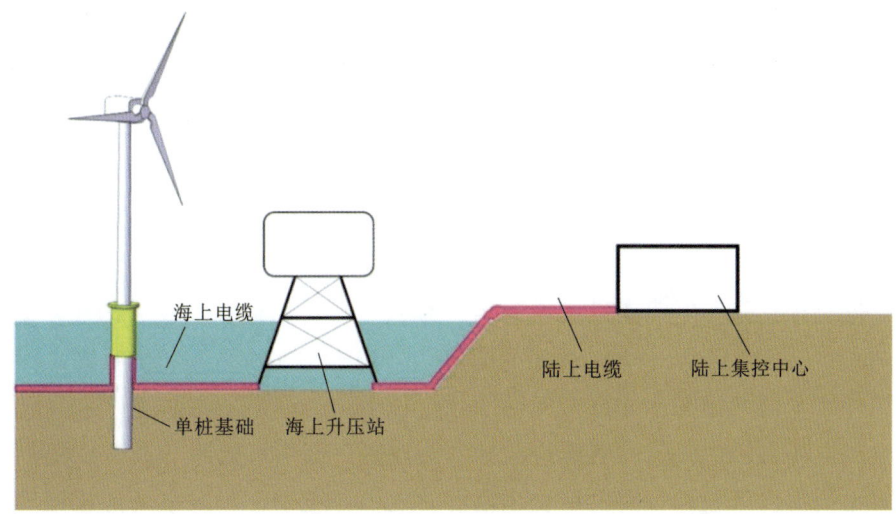

图 1-3 海上风电场组成

图 1-4 雾天下风机尾流图[2]

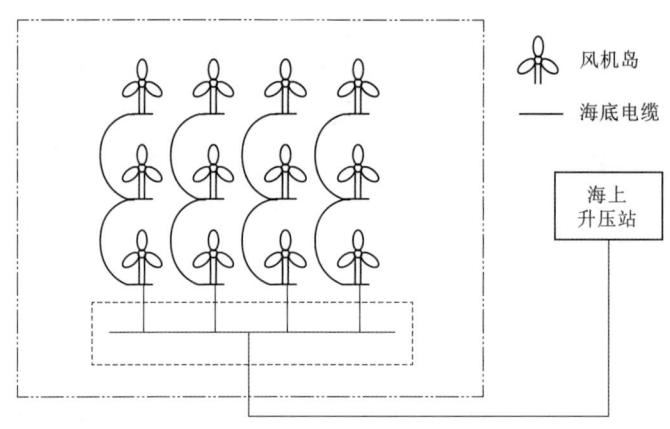

图 1-5 海上风电场机组电缆布局示意图

海底电缆及其相关配套的成本大约占整个海上风电项目成本的 5%。由于海上环境较为恶劣，海上风电行业对海底电缆的制作工艺、运输安装以及后期维护等方面有着严格的要求。与陆上风电相比，海上风电海底电缆的施工难度更大、后期维护费用也更高。据统计，陆上电缆建设成本每千米为 25 万～70 万元，35kV 海底电缆每千米费用为 70 万～150 万元，66kV 海底电缆每千米成本为 100 万～250 万元，而 220kV 海底电缆每千米的费用高达 400 万元。

海上风电场风机的几何布置形式包括直线布置、圆形或矩形布置等。不同的布置方案具有不同的约束条件，需要结合风电场的现场环境条件、风电场的机组容量等因素进行综合考虑。一般来说，在垂直风向方面，风机间距应为风机叶轮直径的 3～4 倍；在沿风方向上，风机间距应为风机叶轮直径的 8～10 倍。

1.3 海上风机岛组成

海上风机宛如一座海上的"小岛"，故可称之为海上风机岛。海上风机岛由基础、塔筒和风机系统三部分构成。风力发电的原理较为简单，风带动叶片转动，叶片转动的能量通过传动系统带动发电机转动，从而实现机械能到电能的转换。然而，要实现一台海上风力机组的并网发电，并非易事。

如图 1-6 所示，这是一台采用单桩基础的海上风电机组，其上部为风电机组，是海上风电机组的核心部分，负责实现风能到电能的转换；中部和下部分别为塔筒和单桩，起到支撑作用，确保风机在风浪流的作用下能够正常工作。叶片在风力的驱动下转动，在轮毂处产生巨大的扭矩，通过主轴传递至机舱内部。机舱外的涡轮转动中心通过低速转轴与齿轮箱连接，经齿轮箱加速后带动高速轴驱动电机发电。塔筒作风电机组与基础的连接构件,负责将上部数百吨重的风电机组重量以及风机荷载传递至基础,是实现风电机组维护、输变电等功能所不可或缺的重要部件。塔筒结构除塔体外,其内部还包括电梯、爬梯、平台、电缆等设施。

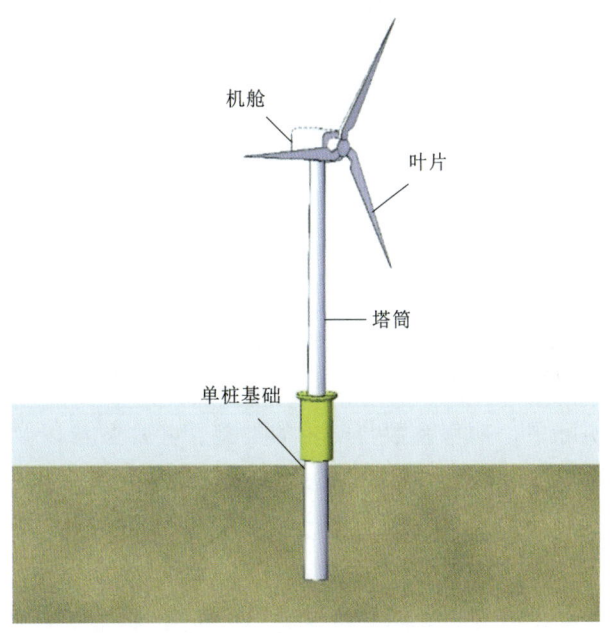

图 1-6 海上风机岛

海上风机基础是保障风机岛正常运行的关键要素之一。根据海床地质、加工制造、施工安装等因素的不同,会选择不同的基础形式,基础形式包括单桩基础、导管架基础、三脚架基础(包含水下三桩基础和水上三桩基础)、重力式基础、吸力筒式基础、承台式基础以及漂浮式基础等,具体详情可参阅第 2 章。

海上风电环境复杂,建造成本高昂,海上风电机组的设计寿命通常为 25 年。在风机服役期间,通过风机功率可以估算其能够产生的电能,进而推算出其所产生的经济收益,以此来判断投资收益。风机捕获的风能可通过以下公式进行估算:

$$P = \frac{1}{2} c_p \rho A U^3 \qquad (1-1)$$

式中 P——风机功率,kW;

c_p——风能利用系数;

ρ——空气密度,kg/m³;

A——风机叶轮扫过的面积,$A = \frac{\pi}{4} D^2$(D 为叶轮直径,m),m²;

U——风速,m/s。

从式(1-1)可以看出,风机功率与风速的三次方成正比,也就是说,风速提高

20%，功率将提高约 70%。在确定风电场的布置区域后，为了更好地实现风能利用，可以通过提高风能利用系数 C_p 和扩大叶轮的扫掠面积这两种方式来提高风电机组的输出功率。对于第一点，叶轮的风能利用系数与叶片形状有关。在恒定风速下，更优良的叶片形状能够产生更大的推力，驱动叶轮转动。叶片形状的优化原理与优化赛车形状以产生更大抓地力以及优化飞机翼形以产生更大升力的原理类似，在这方面往往难以取得重大突破。对于第二点，理论上只需增大叶片长度即可，看似简单易行，但随之而来的是对更高塔筒、更大机舱以及更坚固基础的需求，这将导致风机结构的设计难度加大。

此外，贝茨定律（Betz Law）表明，理论上风能能转换为动能的极限比值为 16/27（约 59.3%），即风能利用效率的理论最大值约为 0.593。然而，由于该极限是在"理想风轮"的基础上得出的，忽略了叶片翼型的阻力损失、叶片叶尖扰流损失、旋转损失等因素，仅考虑了轴向能量流出损失，因此在正常情况下，风机不可能达到该功率系数。在工程实际中，功率系数与叶轮的类型、叶片数量以及叶片的转速等因素有关，一般情况下，风能利用系数 C_p 在 0.35～0.45 之间。

1.3.1 风机系统

海上风机系统主要由叶片、轮毂、变浆系统、偏航系统、主轴承、齿轮箱、联轴器、发电机、控制柜等部分构成，如图 1-7 所示。由于风的风速和风向会随时间而变化，在不同的风向和风速下，叶轮的转速也会有所不同，从而导致风机的输出功率产生差异。在实际生活中，人们需要稳定的电能供应，因此需要通过风机功率调节、变速运行、对风调节、变浆距等手段来实现风电功率的稳定输出。

图 1-7 风电机组系统示意图功率调节

功率调节是风力发电机组的关键技术之一，其主要作用是降低强风下风轮的捕获能量，使风机的输出功率保持在额定值附近，从而降低叶片所承受的荷载以及整个风力机所受到的冲击，确保风机的安全运行。功率调节的方式主要有三种，分别为定桨距角失速调节、变桨距角调节和混合调节。

（1）定桨距角失速调节。在这种调节方式中，由于桨距角保持不变，随着风速的增加，叶片的攻角会相应增大，在初期，升力会随之增大；但到攻角达到一定程度后，尾缘气流分离区会增大并形成大的涡流，使得上下翼面的压力差减小，升力迅速减小，导致叶片失速，进而限制了功率的增加。

（2）变桨距角调节。该方法主要是使风轮叶片的安装角随着风速的变化而改变，当风速增大时，桨距角会向迎风面积减小的方向转动一个角度，相当于增大了桨距角，减小了攻角，从而限制了风机的功率。在阵风情况下，风机受到的冲击相较于失速调节的风机要小得多，但这种调节方式对控制系统的要求非常高。在风速变化时，变桨距角系统对风速变化的响应必须足够快，才能达到调节目的。

（3）混合调节。这种调节方式是前两种调节方式的组合，在低风速时采用变桨距角调节可以达到更高的气动效率；当风机达到额定功率后，会使桨距角减小，攻角增大，加深失速效应并限制功率。在这种方式中，变桨距角调节不需要非常灵敏的调节速度，执行机构的功率也可以相应降低。

1.3.1.1　变转速运行

风机的功率与风能利用系数有关。如果能够使风轮叶尖速度与风速同步增减，就可以使风机保持在最佳效率下运行。变转速控制就是使风轮随着风速的变化相应地改变其旋转速度，以保持风轮叶尖速度与风速比值不变，使其处于最佳状态。

1.3.1.2　发电机变转速/恒频技术

风力发电机组要实现并网运行，必须确保发电机的输出频率与电网频率一致，其主要方法有如下两种：

（1）恒转速/恒频系统。采用失速调节或混合调节的风力发电机，在以恒转速运行时，通常采用异步感应发电机。

（2）变转速/恒频系统。采用电力电子变频器将发电机发出的频率变化的电能转化为频率恒定的电能。

1.3.1.3　风机迎向技术

为了适应风向的变化，确保风轮与风向始终保持垂直，需要风机偏航系统的保障，主要通过尾舵法和舵轮法两种方法来实现。以尾舵法为例，当风向发生变化时，机身会受到三个扭力矩的作用，即机头转动的摩擦力矩 M_f、斜向风作用于转轴上的扭矩 M_w、尾舵轮扭力矩 M_t(N·m)。其中 M_t 与机头质量、支持轴承有关，M_w 取决于风斜角 δ、距离 L，尾舵轮扭力矩可由以下公式近似计算：

$$M_t \approx C_R A_t \frac{\rho u^2}{2} K^2 L \qquad (1-2)$$

式中 M_t——尾舵轮扭力矩，N·m；

C_R——尾舵升力、阻力合力系数（$C_R = \sqrt{C_L^2 + C_D^2}$，$C_L$ 为升力系数，C_D 为阻力系数），可由实验曲线查得；

A_t——尾舵面积，m²；

u——风轮的圆周速率，m/s；

K——风速损失系数约，0.75；

ρ——空气密度，kg/m³；

L——尾舵距离，m。

机头转动条件如下：

$$M_t = M_f + M_w \qquad (1-3)$$

尾舵面积如下：

$$A_t = \frac{2(M_f + M_w)}{C_R \rho u^2 K^2 L} \qquad (1-4)$$

安装满足上述条件的尾舵，可以保证风轮机的桨叶永远对准风向。此外，如果采用自动测风装置测定风向，并通过风向偏差信号控制同步电动机来转动风轮，也可以实现风轮机桨叶与风向的对准。

1.3.2 风机塔筒

风机塔筒作为连接基础和风机系统的部件，通常为空心圆柱结构，由多段圆筒焊接而成，且由下而上圆筒的直径逐渐减小，如图1-8所示。图1-9展示的是工厂中正在加工的钢圆筒，通过对钢板进行卷制焊接形成钢圆筒单元，并在其两端焊接法兰，用于后续圆筒之间的连接。目前，圆筒之间的连接大多采用法兰螺栓连接的方式。

图1-8 海上风电风机塔筒[3]

1.3 海上风机岛组成

图 1-9 海上风电风机塔筒制造[4]

对于塔筒的尺寸，以福建平潭某风电项目为例，其塔筒的总长度为121.372m，具体参数见表1-1，据此可以对塔筒的尺寸量级有一个大致的了解。

表 1-1　　　　　　　　福建平潭某海上风电机组塔筒参数

段数	标高（下）Z_{lower}/m	下部外径 d_{bottom}/m	标高（上）Z_{top}/m	上部外径 d_{top}/m	壁厚/mm
1	0.000	8.000	0.270	8.000	42.00
2	0.270	8.000	2.720	7.959	42.00
3	2.720	7.959	5.720	7.909	42.00
4	5.720	7.905	8.720	7.855	38.00
5	8.720	7.854	11.520	7.807	37.00
6	11.520	7.806	14.320	7.759	36.00
7	14.320	7.758	17.120	7.712	35.00
8	17.120	7.711	19.920	7.664	34.00
9	19.920	7.663	22.750	7.616	33.00
10	22.750	7.616	22.960	7.616	33.00
11	22.960	7.616	23.170	7.616	33.00
12	23.170	7.616	26.020	7.568	33.00
13	26.020	7.567	28.820	7.520	32.50
14	28.820	7.520	31.620	7.473	32.00
15	31.620	7.472	34.420	7.425	31.50
16	34.420	7.425	37.220	7.378	31.00
17	37.220	7.378	40.020	7.331	30.50
18	40.020	7.330	42.820	7.283	30.00
19	42.820	7.283	45.620	7.236	29.50

续表

段数	标高（下）Z_{lower}/m	下部外径 d_{bottom}/m	标高（上）Z_{top}/m	上部外径 d_{top}/m	壁厚/mm
20	45.620	7.235	48.420	7.188	29.00
21	48.420	7.188	51.220	7.141	28.50
22	51.220	7.140	54.110	7.092	28.00
23	54.110	7.092	54.320	7.092	28.00
24	54.320	7.092	54.530	7.092	28.00
25	54.530	7.092	57.370	7.044	28.00
26	57.370	7.044	60.170	6.997	27.50
27	60.170	6.996	62.970	6.949	27.00
28	62.970	6.949	65.770	6.902	26.50
29	65.770	6.901	68.570	6.854	25.50
30	68.570	6.854	71.370	6.807	25.00
31	71.370	6.806	74.170	6.759	24.50
32	74.170	6.759	76.970	6.712	24.00
33	76.970	6.711	79.770	6.664	23.50
34	79.770	6.664	82.570	6.617	23.00
35	82.570	6.617	85.490	6.568	23.00
36	85.490	6.568	85.680	6.568	23.00
37	85.680	6.568	85.870	6.568	23.00
38	85.870	6.568	88.520	6.524	23.00
39	88.520	6.524	91.320	6.477	22.50
40	91.320	6.477	94.120	6.430	22.50
41	94.120	6.430	96.920	6.383	22.00
42	96.920	6.383	99.720	6.336	21.50
43	99.720	6.336	102.520	6.290	21.50
44	102.520	6.289	105.320	6.243	21.00
45	105.320	6.243	108.120	6.196	21.00
46	108.120	6.196	110.920	6.149	21.00
47	110.920	6.149	113.720	6.102	20.50
48	113.720	6.102	116.520	6.056	20.50
49	116.520	6.065	119.282	6.019	30.00
50	119.282	6.039	121.227	6.007	50.00
51	121.227	6.007	121.372	6.007	50.00
52	121.372	6.007	121.832	6.007	50.00

1.3.3 风机基础

庞大的风机能够在复杂的环境中稳定工作，能够在海上承受巨大的荷载而屹立不倒，这离不开风机基础的有力支撑。海上风电机组矗立在海上，风机基础需要穿越海水与海床接触，极端的海洋环境和高耸的塔筒对风机基础的设计提出了极高的要求。长期以来，风机基础的建设和施工成本一直居高不下，其总成本占整个风场项目成本的 25%～34%。降低风机基础成本并优化基础施工方案是实现海上风电降本增效的关键。风机基础的设计需要考虑众多因素，包括不同的海洋环境、配套的施工装备和施工船舶，甚至风场周边的环境以及运输码头的条件。

图 1-10 所示为主要类型风机基础沿水深分布。风机基础类型主要分为两大类，其一为固定式基础，即基础与海床直接相连；其二为漂浮式基础，通常通过锚定间接与海床相连以保持自身稳定。实际工程会根据目标海域的水深和地质条件采用不同的基础形式。根据迄今为止的项目建设情况，作者认为在水深 100m 范围以内，固定式基础仍然比漂浮式基础具有经济优势。

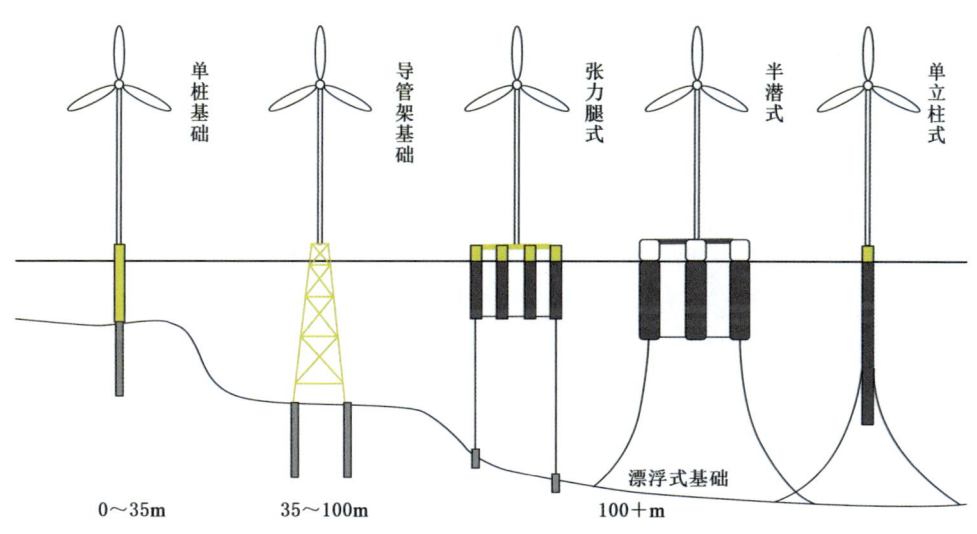

图 1-10　主要类型风机基础沿水深分布[5]

图 1-11 所示为一个典型的单桩基础风机结构，单桩基础是目前应用最为广泛的基础类型，主要包括过渡段单桩和无过渡段单桩两种。若将风电机组结构简化，可以将风机塔架与桩基础整体简化为悬臂梁，在风、浪、流荷载的作用下，整个风机结构会发生偏移和振动。海水越深，相应的悬臂梁长度越长，振动与形变的幅度也会随之增大，风机的稳定性就更难以保证，因此单桩基础主要适用于浅水海域。

不同类型的基础设计，除了需考虑风机的偏移足够小之外，风机岛结构的固有频率设计也至关重要。固有频率与结构共振密切相关，共振是一种能量传递的途径，当

图 1-11 单桩基础风机结构

两个物体的频率接近时，其中一个物体的能量能够传递并存储到另一个物体当中，最简单的例子就是音叉的振动。例如，在 2011 年日本大地震期间，福岛核电站和近岸风力发电场的情况就截然不同。2011 年 3 月 11 日下午 2 时 46 分，日本东北部和关东地区发生了里氏 9 级的大地震，地震以及地震引发的海啸、地震液化等使许多建筑物都遭到了巨大破坏，造成极为严重的经济损失。其中值得一提的是，在地震发生大约 50min 后，14m 高的海啸越过 10m 高的防护墙，淹没了福岛核电站，对其造成了巨大破坏，并由此释放出大量有害放射性物质，导致超过 30 万民众被迫撤退疏散，其清理费用预计高达数百亿美元。而在地震之后，近岸的风力发电场仅仅是自动关闭运行，在经过一番检查后又开始正常运行了。

为什么这个近岸风电场在地震海啸中没有遭受巨大破坏呢？这与地震、海啸的频率以及风机结构的固有频率有关。根据当时风电场中两个方向的地面加速时间序列数据，地面运动的主要频率为 1~14.28Hz，而风电场风机的频率约为 0.33Hz，由于两者差距较大，没有重叠部分，所以风机并未受到太大破坏。一般来说，风机对地震并不是特别敏感，但地震引起的一些效应，如地震导致土体液化，会使土体的刚度和强度降低，进而对风机产生巨大影响。此外，在风机设计时，风机岛的固有频率需要与风、浪、流等主要荷载的核心频率错开，详细内容将在第 8 章进行介绍。

综合现今典型的风机基础类型，固定式基础主要有单桩、导管架、重力式及负压筒基础几种。单桩基础、导管架基础等均采用桩基础，导管架基础和单桩基础的区别在于通过增加桩的数量来减小桩径并增大结构刚度，以适应不同的海域。重力式基础和负压筒基础各有优缺点，需要结合具体的海域环境条件进行分析。

风机基础及施工的成本约占整个海上风场成本的 30%，对风场的建设成本影响巨大。为了降低风场成本，相信未来会有更多创新型的风机基础被发明并应用。此外，由于沿岸附近的海洋面积有限，海上风场的建设会与其他行业发生用海冲突，而深远海拥有广阔的海域面积和更好的风资源，海上风电的发展势必会向深远海推进。因为中国的远海，水深有限，预计未来，深水导管架基础必将占据中国深远海上风电支撑结构的主导地位。

第 2 章 海上风机基础

海上风机基础作为海上风机岛的重要组成部分，主要分为固定式和漂浮式两类基础形式。海上风电开需根据海洋地质及水文条件来选择不同类型的基础形式。目前，全球商业化海上风场的风机基础主要以固定式基础为主。本章将重点介绍海上风机基础的类型及其选型的主要依据。

2.1 海上风机基础选型

一般来说，海上风机基础的制造及建设成本决定了海上风电场的成本竞争力。海上风机基础形式多样，包括单桩基础、导管架基础、三脚架基础（包含水下三桩基础和水上三桩基础）、重力式基础、单立柱式（SPAR）基础、半潜式（SEMI）基础、张力腿（TLP）基础等，如图2-1所示。海上风机基础的选型需综合考虑海洋地质、海洋水文及运输安装等因素，在确保海上风机岛安全运行的过程中，选择最具效率及成本优势的基础。

随着海上风电技术的不断发展，开发成本整体呈下降趋势。然而，随着沿海地区海上风电场的饱和，海上风电逐渐向风资源更加优渥的近海和深远海拓展。但是，随着离岸距离变远及海水深度增加，海上风电的开发难度急剧增大，成本也不断攀升，

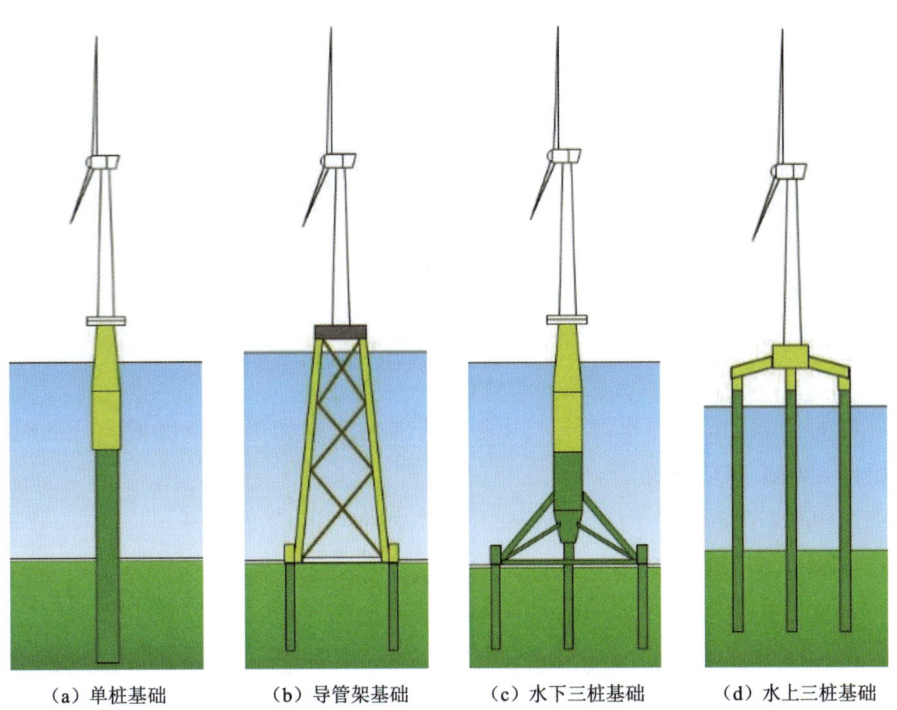

(a) 单桩基础　　(b) 导管架基础　　(c) 水下三桩基础　　(d) 水上三桩基础

图2-1（一）　各类海上风机基础形式

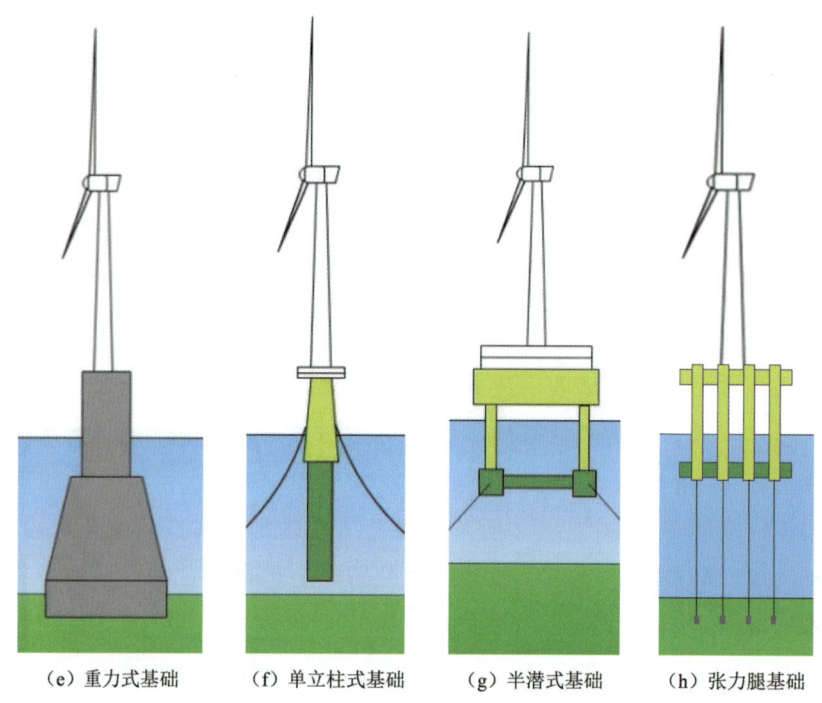

(e) 重力式基础　　(f) 单立柱式基础　　(g) 半潜式基础　　(h) 张力腿基础

图 2-1（二）　各类海上风机基础形式

基础型式也逐渐向导管架基础和漂浮式基础发展。图 2-2 呈现了不同基础的适应水深及建造的基础成本，通过对图 2-2 的分析，可以得到以下结论：

（1）在 0～35m 的浅水区域，目前最常用的基础形式是单桩基础和重力式基础。重力式基础通常用于离岸距离小于 15～20km 的区域，而单桩基础则适用于离岸更远的区域。

（2）在 35～100m 的中等水深区域，最常用的基础形式是单桩基础和导管架基础。与单桩基础相比，导管架基础的结构形式更加稳定、结构更轻、受力面积更小，当水深超过 35m 时，其在动力学方面的表现优于单桩基础，且随着水深的增大，导管架基础的优势将更加明显。

（3）在大于 100m 的深水海域，固定式基础的成本和施工难度增大，此时漂浮式基础开始体展现出其适用性。

图 2-3 呈现了 2017—2019 年欧洲不同基础的使用情况。图 2-3 中的数据显示，海上风机基础的主要形式是单桩基础，其占比在 80% 以上；此外，导管架基础的增长速度较为显著，是当前最具发展前景的基础形式之一，在一定程度上能够较好地满足当前海上风场向中深水水域发展的需要。相比之下，重力式基础的数量增长缓慢，现存总数已不再增加；水下三桩和水上三桩基础的数目基本持平或略有下降；而浮式基础仍处于发展起步阶段，在实际工程中的应用较少。

2.1 海上风机基础选型

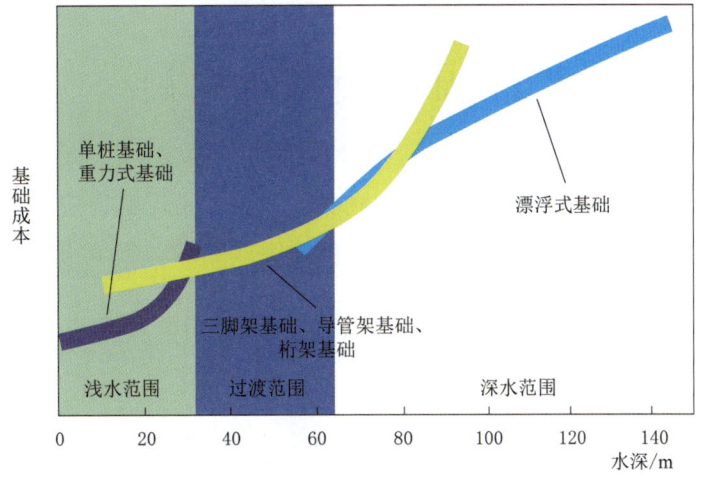

图 2-2 海上风电不同基础形式适用水深范围

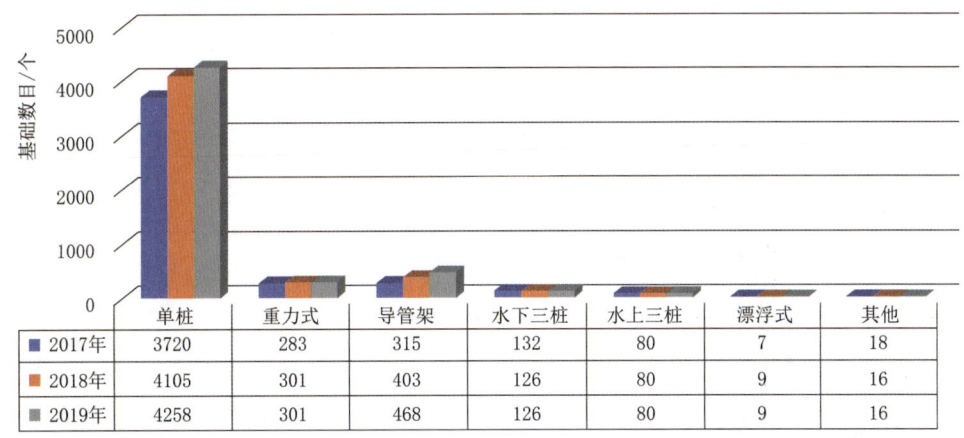

图 2-3 2017—2019 年欧洲海上风电各类基础数目统计

通过对 2017—2019 年海上风电新增基础的选型分析，预计未来几年风机基础选型趋势如下：

（1）单桩基础将继续占据主要地位，但其市场份额会受到风机容量、水深和海床地质情况等因素的影响。

（2）重力式基础受水深和离岸距离的限制较大，其市场份额将逐步减少。

（3）对于深水区，在当前漂浮式基础尚未大量投入商业运行的情况下，导管架基础仍是首选的基础类型。

（4）由于单桩基础在深水和大功率风电场中的局限性，导管架基础的市场份额将进一步增加。

（5）随着技术的进步，漂浮式基础也将逐渐投入商业运行。

（6）按我国现有海上风电发展规划，水深 120m 以内海上风场将主要采用导管架基础。

19

2.2 固定式风机基础

固定式基础是海上风电最为常用的基础类型，当前主流的固定式基础为单桩基础和导管架基础。此外，还存在一些其他型式的固定式基础，本节将对各种固定式基础进行简要介绍。

2.2.1 单桩基础

单桩基础是所有海上风机基础结构中最为简单的一种基础形式，也是目前应用最为广泛的基础形式。始建于1994年的荷兰Lely风电场是世界上首个应用单桩基础的海上风电场，该海域水深在2.5~5m之间。单桩基础通常由钢板卷制并焊接而成，通过嵌入土体的单桩来抵抗风电机组所受到的各种环境荷载，单桩基础示意图如图2-4所示。

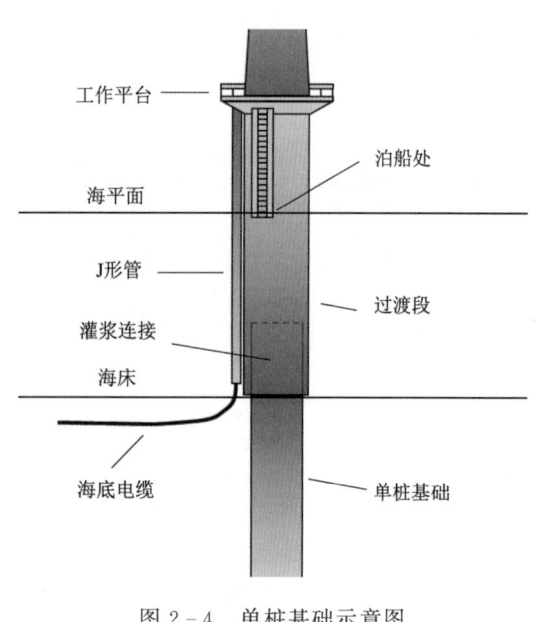

图2-4 单桩基础示意图

对于桩基础而言，由于不同土体地质的承载力存在差异，因此桩基础嵌入海床的深度也各不相同。从施工角度来看，在较软的黏土或砂土地基上进行打桩作业相对较为简单；而对于坚硬的岩石，如花岗岩等，则需要进行桩基嵌岩作业，先通过钻机在岩石上钻孔，再将桩基放入孔中，最后通过灌浆材料填补空隙来完成施工作业，施工难度较大。

从力学分析的角度来看，单桩基础可简化为固定在海床中的悬臂梁结构。随着水深的增加，梁悬臂段的长度增大，风机载荷在梁顶端产生的挠度也会增大，因此单桩基础主要适用于浅水海域。一般来说，单桩基础主要适用于浅水以及20~30m的中等水深海域，但对于较为坚实的海床土质，单桩基础的适用范围可扩展至40m左右。单桩基础施工时需要配备大型运输船、单桩施工工装、自升式起重平台等船机设备以及相应的施工技术方案。单桩基础具有施工效率高、安装简便等优势，但也存在对施工技术、施工机械要求较高等劣势。此外，对地质和水深的要求也较高。

单桩基础与风机塔筒之间的连接方式有法兰连接和套筒连接两种。法兰连接是直接将塔筒与基础相连，该连接方式不具备补偿桩基倾斜度的能力，对桩基打入的垂直度要求较高。如今，大型单桩的直径可达10m以上，长度可达百余米，在施工过程中难免会出现一定误差，要使其在施工后保证完全竖直，难度极大。通常，规范要求桩基础施工完成后，桩在海床面处的倾角应小于0.25°，精度要求较高。套筒连接，也称为灌浆连接，这种连接具备补偿桩基倾斜度的能力，其连接方式如图2-5所示。套筒是用于连接桩基和风机塔架的结构物，也被称为过渡段。在桩基础打入后，过渡段通过灌浆连接实现与桩基的连接，最后吊起塔筒与过渡段进行法兰连接。与法兰连接相比，套筒连接所需的设备和操作人员更多，但对打桩的垂直度要求较低。因此，在实际工程中，需要结合实际工程情况来考虑是否采用灌浆连接。

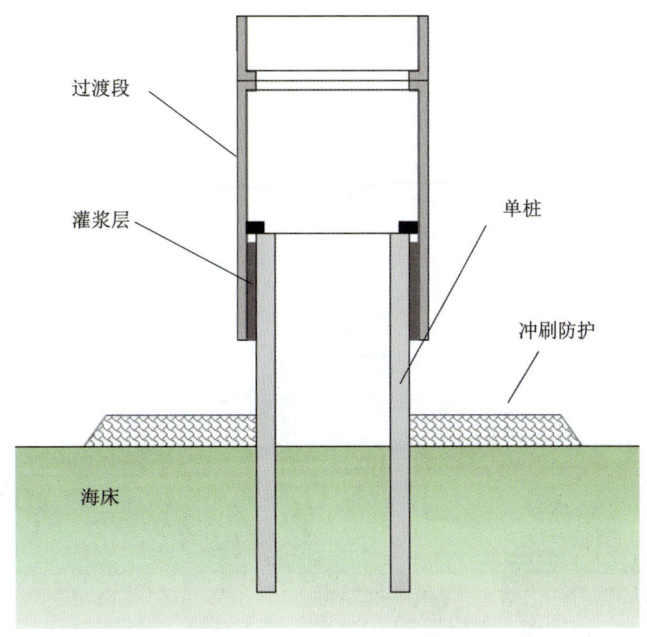

图2-5　灌浆连接示意图

采用灌浆连接和法兰连接的单桩基础可分为有过渡段单桩基础和无过渡段单桩基础。有过渡段单桩基础是国外早期近海风电机组基础最常用的结构形式，过渡段四周设有靠船设施、钢爬梯及平台等，顶端设有与风机塔筒相连接的法兰，底部与桩顶通过高强灌浆进行连接。同时，在过渡段钢管内壁及相应桩基钢管外壁设置剪力键，用以限制钢和灌浆材料界面间的纵向相对滑移，增强连接效果。

无过渡段单桩基础是国内潮间带或近海风电机组基础最常用的结构形式，钢管桩与风机塔筒之间通过桩顶部法兰直接连接，应用较为广泛。无过渡段单桩基础虽然对吊装、打桩设备的要求较高，但是桩体结构可在陆上整体制作，施工工序简单，工期较短，相较于有过渡段单桩基础，施工效率更高。此外，无过渡段单桩基础的受力特性更为合理，具有明显的经济优势，目前国内大多数海上风电场多采用无过渡段单桩基础形式。

通常情况下，单桩基础的重量为500～1600t。随着风机单机容量的增大以及水深的增加，所需单桩基础的直径也会随之增大，这将导致单桩基础所承受的水动力荷载增加，同时也会增大基础的用钢量和建设成本。随着风力发电场逐渐向深远海迈进，超大直径单桩基础应运而生（图2-6所示）。超大直径单桩基础是指直径较大的单桩基础形式，其直径可达10m以上，单个重量可达2000t以上。丹麦公司MT Hojgaard对35m水深的超大直径单桩基础以及导管架基础安装6MW风机的可行性和经济性进行了研究，结果表明超大直径单桩基础更为经济。目前，鉴于对大型构件在运输、存储和安装等方面的考虑，超大直径单桩基础通常应用于40m以下的水深。然而，作者认为，随着建造工艺和施工技术的不断提升，未来单桩基础有望用于50m级的水深。

图2-6　超大直径单桩基础的运输

2.2.2　导管架基础

导管架基础（桁架式导管架基础）是一种空间桁架结构，以桁架结构作为中间支撑，通过3～6根钢管桩将其固定在海床上，其结构形式如图2-7所示。导管架风机基础由海上油气平台导管架的结构演变而来，该基础形式在海上油气平台已应用了40多年，技术相对成熟。世界上第一个导管架风机基础被应用于英国Beatrice油田，建设了两台导管架基础风机，用于为油气生产供电，在建造时，导管架基础底部通过灌浆材料与钢管桩连接,顶部通过法兰与风机塔筒连接。我国第一个商业化导管架风机基础应用于珠海桂山 200MW 海上风电场,在该风场条件下,与其他形式基础相比,导管架基础重量更轻,结构性能更为优越。

图 2-7 导管架风机基础

桁架式导管架基础的刚度较大,基础结构的稳定性更好。它适用于中等水深至深水区域的海上风电场,一般在 10~60m 水深的海域使用,未来导管架基础的应用水深预计可达 100m,甚至更深水域。导管架基础可适应各种地质条件,其重量较轻,施工较为方便,无需对海床进行特殊处理。此外,导管架基础的钢管桩直径较小,对防冲刷的要求较低,且其所承受的海洋载荷也较小。在海上风电场建设过程中,可通过先桩法或后桩法施工工艺来实现导管架基础的施工。

与单桩基础相比,导管架基础的结构更为复杂,制作过程也更为繁琐,每个管节点都需要专门制作,焊接工作量大,加工成本更高。对于欧洲市场来说,由于劳动力成本高以及制造设备投入大,导致导管架基础建造成本普遍较高。目前,欧洲正在建立导管架基础的自动化生产线,以制造复杂的导管架节点,从而降低生产制造、装配和安装成本。相较于国外,我国的制造成本相对较低。此外,水下管节点的监测与维护也是一项艰巨且昂贵的工作,构件容易受到冰荷载的影响。

在进行导管架基础的安装施工时,通常在陆上完成导管架的焊接工作,然后将其运至指定海域进行安装作业。以先桩法导管架基础施工为例,首先将钢管桩打入海床,再通过吊机完成导管架基础与钢管桩的对位和调平操作,最后通过水下灌浆材料填充两部分之间的孔隙,以确保整体结构的可靠性。导管架基础地基以下的桩腿采用小直径钢管,对打桩设备的要求较低;但是导管架基础的连接节点众多,结构疲劳问题突出,制造成本较高,且现场作业时间相对较长。

灌浆连接是海工结构物重要的连接形式之一,与传统的焊接相比,它可以避免由于焊接引起的钢结构中的残余应力,提高了结构的疲劳寿命,同时也能够适应水下区、浪溅区等不同环境条件下的施工作业,被广泛应用于海上风机导管架基础与下部桩基的连接、升压站上部组块与下部导管架基础的连接以及植入型嵌岩基础与钻孔之间缝隙的封堵和连接等。图 2-8 所示为某海上风电场升压站导管架基础灌浆连接段的水下拍摄实景。从受力形式上来看，海上风机基础的灌浆连接段是传递风机荷载至桩基起承上启下的关键部位；从施工角度来看，海上风机基础的灌浆是钢管桩沉桩与安装基础的承前启后的关键工序，因此灌浆连接段的设计与施工对于保证海上风机及其结构物的正常运行至关重要。

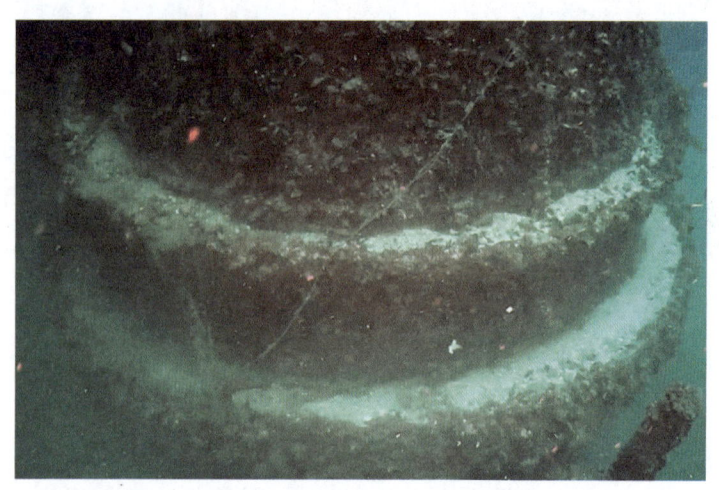

图 2-8　海上风电升压站导管架基础灌浆连接段

导管架灌浆连接段依据不同分类标准可划分为不同的类型。若以有无剪力键作为分类标准，则可分为带剪力键灌浆连接段与无剪力键灌浆连接段；若以灌浆连接段的形状为分类标准，则可分为圆柱形灌浆连接段、圆锥形灌浆连接段以及其他类型的灌浆连接段。在早期的海上风机基础结构中，灌浆连接段多为无剪力键圆柱形，然而随着海上风电技术的不断发展，灌浆连接段的形式逐渐由无剪力键圆柱形慢慢转变为圆锥形或者带剪力键圆柱形。

导管架基础存在两种不同的结构形式，即先桩法导管架基础和后桩法导管架基础。先桩法导管架基础灌浆连接段与后桩法导管架基础灌浆连接段的区别仅仅在于桩管是外管还是内管。对于先桩法灌浆连接段，首先将钢管桩打入海床，然后将腿柱插入钢管桩中并用灌浆进行连接，其结构图如图 2-9 所示。钢管桩位于外部，导管架腿柱在内部，通常在导管架腿柱上设置灌浆管线及灌浆孔，插桩后向内外管形成的环向空间中灌注灌浆料。在灌浆前，需要对基础进行调平，既可采用液压顶升的方式，也可设置垫板进行调平。由于先桩法导管架的灌浆连接段本身具有支撑板，根据调平的角度

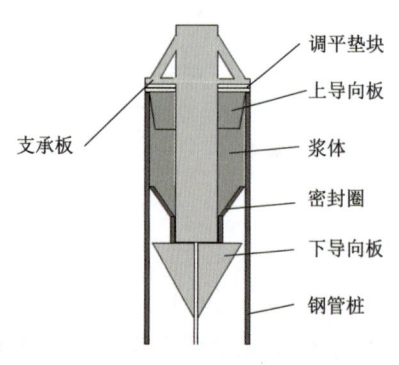

图 2-9　先桩法导管架基础灌浆连接

2.2 固定式风机基础

计算垫板的厚度,在导管架安装前,直接将选择的垫板焊接在支撑板下部,整个过程无需顶升系统,只要确保灌浆施工及凝固期要求的海况在适当范围内即可。

在进行导管架圆柱形灌浆连接段设计时,重要的是避免往复循环荷载引起的开裂。

在先桩法导管架基础灌浆连接段中,从灌浆连接段的最底部往上至一半弹性长度范围内,受弯矩的影响不大;而从灌浆连接段的最顶部向下至一半弹性长度范围内,受弯矩的影响很大,为避免剪力键在这部分区域引起初始裂纹,应尽量不在此范围内布置剪力键。

先桩法导管架基础和后桩法导管架基础仅在打桩的先后顺序以及腿柱与桩管的连接方式上有所不同。后桩法导管架基础灌浆连接段与海洋石油平台类似,与先桩法导管架灌浆连接段完全相反,套管位于外部,钢管桩在内部,安装时先通过套管定位,再将钢管桩打入其中,如图 2-10 所示。在《挪威船级社海上风机结构设计规范》[DNV-OS-J101(2014)]中,先桩法与后桩法这两种导管架基础灌浆连接段的设计计算公式本质上是一致的。

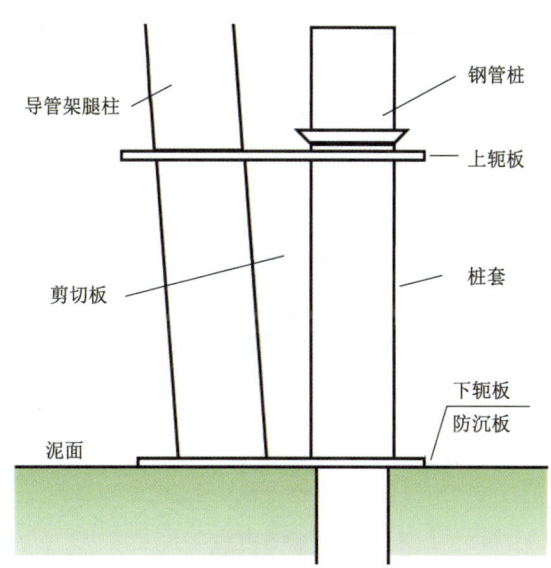

图 2-10 后桩法导管架基础灌浆连接

后桩法导管架基础灌浆连接段的结构包含剪力键、上导向板、下导向板以及灌浆密封圈等,其原理与先桩法导管架基础灌浆连接段类似。在后桩法导管架基础灌浆连接段中,从灌浆连接段顶部以下至一半弹性长度范围内,受弯矩影响不大,而从灌浆连接段的底部以上至一半弹性长度范围内,受弯矩的影响很大,为避免由于剪力键在这部分区域引起初始裂纹,最好不要在此范围内布置剪力键。钢管桩的弹性长度计算公式与先桩法导管架钢管桩的弹性长度计算公式相似。后桩法导管架的套管上一般设有灌浆管线及灌浆孔,通过向往内外管形成的环向空间中灌注灌浆料来连接钢管桩。在灌浆前,需要对基础进行顶升并调平;在灌浆过程中,要保持基础相对稳定,待浆体强度达到一定程度后,拆卸顶升。常见的水下三桩基础灌浆连接段与后桩法导管架基础灌浆连接段非常相似,而水上三桩基础灌浆连接段与先桩法导管架基础灌浆连接段的受力与构造类似。与先桩法导管架基础相比,后桩法导管架基础的建造和施工工程量更大,因此先桩法导管架基础的应用更为广泛。

2.2.3 重力式基础

重力式基础是一种利用自身重力来实现固定的结构,如图2-11所示。1991年建于 Vindeby 的第一个商业性海上风电场由11台风电机组组成,其基础形式均采用重力式基础,总装机容量为 4.95MW。该场区所采用的基础是圆锥形混凝土沉箱,建造于风电场附近的干船坞中,最终浮运至目的地。重力式基础依靠自重的重力来抵抗风电机组荷载和各种环境荷载,从而维持基础的稳定性。重力式基础适用于浅海的风机基础形式,通常采用预应力钢筋混凝土沉箱,并添加压舱材料。压舱材料可选砂石、混凝土、矿渣等,可根据当地条件选择经济实惠的压舱材料。由于该基础需要通过重力来约束自身,因此基础较重,对海床的承载力要求较高,当海床土体无法满足承载力要求时,需要对海床进行处理。一般来说,重力式基础主要应用于海底岩石地质,不适用于流沙形的海底地质。

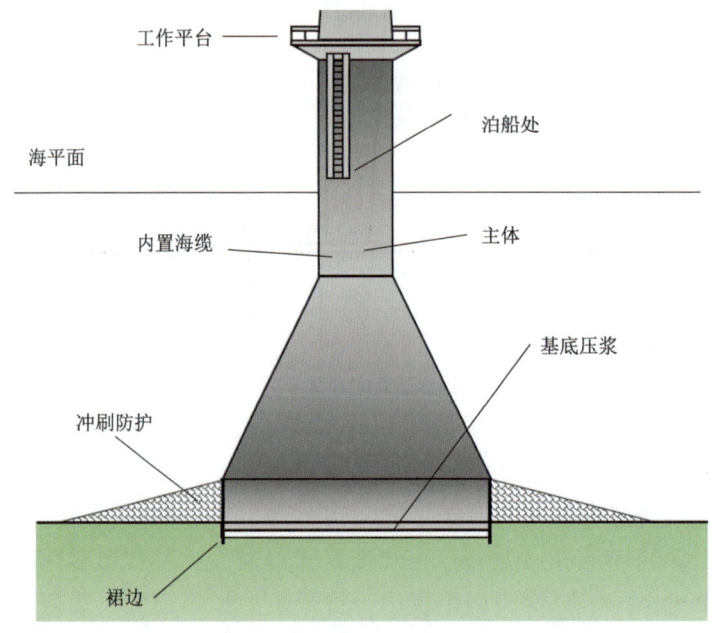

图 2-11 重力式基础示意图

重力式基础是最早应用于海上风电场建设的基础形式，该基础结构简单、造价低廉；但往往需要预先进行海床处理，海上施工周期较长；安装不便且运输费用较大，一般仅适用于浅水和硬质海床区域。此外，重力式基础是所有基础类型中体积最大、重量最重的基础，在制作时，通常利用岸边的干船坞进行预制，然后将其运输至安装地点。由于其体积庞大，对运输和安装提出了极高的要求。然而，当它能够满足流水化作业时，该基础将具有较高的经济性。图2-12展示了欧洲某海上风电场重力式基础离岸下水的过程。

图2-12 重力式基础的离岸下水过程[8]

重力式基础重量较大，在安装和运输阶段需要使用重型起重船，施工费用较高。为降低施工成本，混凝土或混凝土-钢组合的重力式基础概念被引入，以使重力式基础能够在更深和更恶劣的海域环境中使用。自浮式重力式基础可使用拖轮拖航至指定位置，然后通过压载使其降至海底。目前现有的大多数重力式基础都位于浅水海域，并且离岸较近。

综上所述，重力式基础具有结构形式简单、整体造价较低；在码头预制场进行预制加工，可实现批量化生产、效率高；具有抗风暴和风浪袭击效果好，稳定性和可靠性较高等优点。但重力式基础需预先对海床进行处理，基础施工前期准备工作时间较长；体积和重量较大，对运输和安装的要求较高；一般适用于浅水区域，在深水区域不具备成本优势。

2.2.4 吸力筒基础

吸力筒基础是近年来逐渐发展起来的一种新型基础，其结构为一个倒扣在海床上的开口薄壁圆筒，直径比桩基础更大，结构可为钢制或钢筋混凝土制，上部封闭，下部开口，并在上部设置有气孔。施工时，待筒体接触海床后，从气孔将筒中的水和气体排出，通过产生一定程度的真空，使筒基础内外形成压力差，以此将基础吸附在海床上，达到固定结构的效果。

吸力筒基础不仅可以作为一个独立的基础结构，还可与导管架基础或重力式基础相结合。与传统的钢桩相比，该结构更加节省材料，且安装周期更短。丹麦 Orsted A/S（前 Dong Energy AS）公司在德国 Borkum Riffgrund 建造了第一个采用吸力筒基础的海上风电场，该基础的具体结构如图 2-13 所示。

图 2-13　吸力筒基础形式[9]

吸力筒基础的安装过程相对较为简单，首先吸力筒放置在海床上，使其在自重作用下沉入一定深度，然后启动吸力泵将吸力筒空腔内的水抽出，使筒基础内部压强降低，利用筒基础内外的压差将吸力筒压入海床。吸力筒的安装过程中无需打桩，降低了传统打桩安装的噪声，并且能够减小基础入土深度，在特殊地质条件下具有独特的优势。相较于其他基础，吸力筒基础不需要进行打桩作业，在拆除结构时，只需平衡筒内外压差，即可轻松将其拆除。但吸力筒基础对水密性和气密性的要求较高，对钢结构设计提出了更高的挑战。此外，受限于沉贯工艺，吸力筒基础只能应用于软土地基。

2.2.5　承台基础

承台基础源自海岸码头靠船墩和跨海大桥桥墩，由群桩和承台构成，主要应用于我国东海海域的风电场，如东海大桥、江苏响水以及福建南日岛等海上风电项目，在欧洲的应用相对较少。

承台基础可分为高桩承台和低桩承台，低桩承台基础适用于潮间带风电场，其适用范围较为狭窄。就高桩承台基础而言，其结构如图 2-14 所示，通常采用 8 根呈正八边形排布的斜桩，在其上浇筑混凝土承台，而后与风机塔筒相连。承台式基础的结构上部工艺与陆上风机工艺类似，工艺较为成熟，对所需设备要求较低。该基础一般采用传统的海上施工设备和施工工艺，施工可靠性较高，但打桩和浇筑作业时间较长，存在较大的风险。

图 2-14 高桩承台基础形式[10]

高桩承台基础的受力机理明确，通过刚性承台传递风机荷载，承台下的桩基呈轴对称布置，以拉压和水平力的形式承担承台传递的荷载。为了使基础具备更高的水平刚度和整体稳定性，常常采用斜桩的形式。桩基通常采用钢管桩，其具有抗弯强度高、耐锤击性好、沉桩便捷且制成斜桩等优点，在施工过程中稳定性良好，尤其对风机动力荷载以及波浪荷载等往复荷载的作用具有较强的适应性。通过向钢管桩内灌注混凝土，能够增强钢管桩的刚度并提高桩基础的抗拔承载力。

2.2.6 三脚架基础

三脚架基础可分为水下三桩基础和水上三桩基础。水下三桩基础（图 2-15）相较于单桩结构，增设了一个三角支撑结构，将单桩结构转变为三桩结构；其上部由中心桩以及三个斜撑构成，下部在每个斜撑底部设置钢管桩，将三个钢管桩打入海床，以此来固定基础，从而使原本的单桩基础能够适用于更深的海域。三角支撑结构的主体为一个中心圆柱（类似于单桩基础），其上部与风机底座相连连；下部由相对细长的斜撑组成，将主管端与桩基相连接。水下三桩基础的结构刚度处于导管架基础和单桩基础之间，一般适用于 20～40m 水深的海域。

水下三桩结构的主节点属于复杂部件，容易受到结构疲劳的影响，在设计过程中需要特别注意。最初，水下三桩基础能够解决单桩基础在使用过程中受到水深和风机

图 2-15 水下三桩基础[11]

功率限制的问题,但是随着单桩基础和导管架基础技术的逐步发展,水下三桩基础的优势不再明显。第一个水下三桩基础形式于 2010 年应用于水深 42m 的德国 Alpha Ventus 风电场的 6 台 5MW 风机上,后续除了 2010 年德国 Trianel 博尔库克风电场的 40 台 Areva M5000-116 风机采用水上三桩基础形式之外,再无其他风电场使用该基础形式,近年来水下三桩基础已逐渐被淘汰。水下三桩基础的安装步骤与后桩法导管架基础的安装过程相似。基础被装载到运输船上运往目标机位,在潜水员的引导下,使用一艘重型起重船将水下三桩基础吊放至海床上,放下基础后,运用液压或振动锤将桩打入海床。打入三根桩后,桩与套管之间进行灌浆连接。由于使用了三根小直径桩来代替单桩基础的单根大直径桩,其桩基直径较小,海水对水下三桩基础的冲刷不如单桩基础的大直径桩显著,一般无需进行冲刷防护。

水上三桩基础(图 2-16)也是由传统单桩基础演变而来,最早由德国风机制造厂商 Bard Engineering GmbH 提出。2013 年投入使用的德国北海的 BARD 1 号风电场是当前唯一使用水上三桩基础的风电场,全场区共 80 台 5 MW 风机,该风电场水深约 40m,离岸距离为 100 km。水上三桩基础与水下三桩基础相比,其由三根桩连接到位于水面以上的过渡段,区别在于其连接点结构位于水面之上。水上三桩基础的过渡件为箱梁结构,并与桩基础进行灌浆连接。基础顶部的法兰位于过渡段的顶部,用于与上部风机塔筒连接。相较于单桩基础,其跨度更大,能够产生更大的抗倾覆力矩,结构能够适应更深水深的海域。此外,还可以对每根桩基进行单独设计,以满足具体的土壤条件,其对海床土壤条件的适应性更好,但是它存在扭转刚度较小、抗扭性能较差等缺点。

图 2-16 水上三桩基础[12]

2.2.7 新型固定式基础

为顺应海上风电快速发展的需求，迫切需要开发新型的海上风机基础结构，以满足大厚度软土地基上海上风电开发的需要求。吸力筒式导管架基础是近年来涌现出的新型海上风机基础，其独特的结构形式和空间形态赋予了它整体稳定性良好、整体预制安装施工便捷、对地基土要求较低等优势，只需底部插入具有一定硬度的持力层，便可满足整体稳定性的要求。

与应用于油气开发的吸力筒基础不同，海上风机基础的吸力筒上部与刚性导管架结构相连，主要承受竖向荷载。吸力筒式导管架基础覆盖空间较大，且嵌入土壤的深度较小，特别适用于一些可利用地层较浅的海域，例如海床面以下一定深度即为坚硬花岗岩地层的海域，其具体结构形式如图 2-17 所示。丹麦 Orsted A/S 公司在德国 Brokun Riffgrund 风电场二期中安装了 21 台吸力筒式导管架基础风机。

针对吸力筒基础水平承载力不足的问题，浙江大学朱嵘华教授团队提出了一种新型的桩筒复合导管架基础，其结构如图 2-18 所示。与吸力筒导管架基础不同的是，该基础在吸力筒中额外插入了一根桩，以增强吸力筒桩基础的垂向刚度，提升整体结构的自振频率。值得注意的是，由于土的刚度与其应力水平密切相关，对于桩筒复合基础而言，由于筒的存在，在结构承受一定荷载后，筒内土体的应力会增大，从而使其刚度同步提高，这将提升筒内单桩的承载能力，即桩筒复合导管架基础中桩基的承载能力相较于其他同等尺寸的桩基将会有所增加，这进一步提高了桩筒复合基础对土体承载力的利用效率。

图 2-17　吸力筒式导管架基础[13]

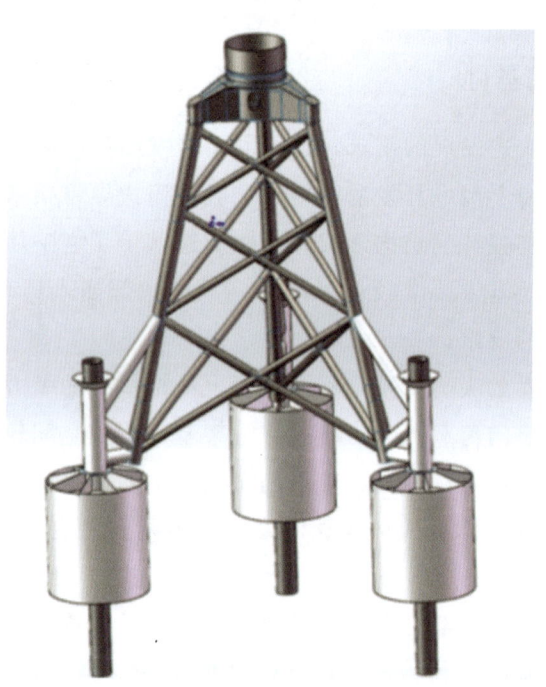

图 2-18　桩筒复合导管架基础

西门子歌美飒可再生能源有限公司于 2018 年 12 月初启动了一项海上风机基础创新计划,该计划旨在在于将海上风机基础的成本降低 30% 以上。该风机制造商表示,正与丹麦哥本哈根奥尔堡大学合作开展一项为期五年的海上风电成本降低项目,该项目名为"为降低海上风电成本而进行的工业创新的综合试验",由欧盟资助 2000 万欧元。该项目研发的 1000t 重力导管架混合式基础,已在丹麦水域进行测试,其特色和创新之处在于混凝土过渡段的设计,可将风机设备的海底噪声降至最低,其具体结构形式如图 2-19 所示。

图 2-19 重力导管架混合基础形式

2.3 漂浮式风机基础

众所周知,深远海的风能资源更为丰富,海域面积更为广阔,且与近岸渔场不产生冲突,海上风电场向深海化发展已逐渐成为一种趋势。在大水深的情况下,若仍然采用单桩、导管架等传统固定式基础,其成本将会大幅增加,固定式基础并不适用于深海。针对这一突出问题,为适应于未来深海海上风电发展的需求,浮式基础的概念应运而生。较为常见的漂浮式基础形式有四种,如图 2-20 所示,从左到右分别为驳船式、半潜式、单立柱式和张力腿式基础。

漂浮式基础可为水深大于 100m 的海上风电提供一种成本更为低廉的基础替代方案,使深水海上风电成为可能。特别是对于一些如挪威、美国、日本等大陆架较窄的

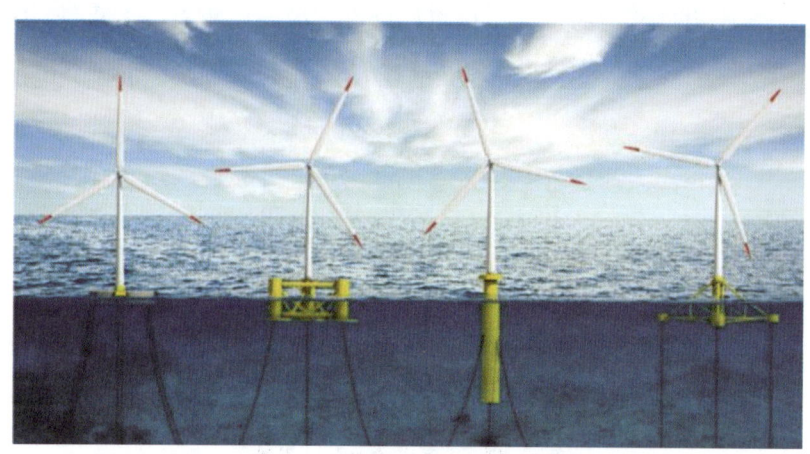

图 2-20 四种漂浮式基础类型[14]

国家，使用漂浮式基础是大规模发展海上风电的主要契机。与固定式基础相比，漂浮式基础在安装过程中对海床的破坏较小，对环境更加友好。此外，漂浮式基础还能使基础的安装与建造过程具有更大的灵活性，更有利于基础退役后的移除。尽管浮式风机具有众多优势，但也存在一些问题，如电力基础设施的建造成本较高，特别是柔性海缆的施工、安装、运维与设计建造成本较高。

漂浮式基础设计时主要需要考虑如何保持稳定，并对其进行有效的系泊，将位移限制在合理的范围内。漂浮式基础通常采用锚固系统进行固定，这种方案成本较低，但缺点是不够稳定，容易受到风、浪、流的影响。作为一种新型的基础类型，由于难以进行全系统的可行性分析和安全性评估，浮式风机基础在设计方面还存在许多有待解决的技术难题。现如今，正式投入商业运行的浮式基础较少，大多数仍处于研发、试验样机阶段。单立柱式（SPAR）漂浮式基础是一个几乎完全被浸没的圆柱体组成，其上部是一个可提供浮力的临时压载舱，位于下部的永久压载舱则抵消了浮力，通过将结构重心降低到浮心以下位置，从而保持稳定性。该结构通过系泊系统固定其位置，如图 2-21 所示。由于基础提供稳定性的下半部压载舱通常需要很大的吃水来抵消风机载荷，因此这种基础类型必须安装在非常深的海域，优化设计的关键在于如何减少所需的最小水深。由于对水深要求较高，无法在港口进行风机的安装，需要使用重型运输船进行现场吊装，大大增加了运输安装成本，且运维工作难度较大。2017 年，该基础首次应用于苏格兰海风（Hywind Scotland）风电场，该风电场离岸 29 km，水深 95～120m，由 5 台 6 MW 的 SWT-6.0-154 风机组成。

半潜式漂浮式基础由提供浮力的上层浮体和提供自由表面稳定结构的下部壳体组成，如图 2-22 所示。该结构通过不同的压载来调整吃水深度，因此可以在港口和运输过程中通过减少吃水的方式达到方便运输的目的，到达安装地点后改变结构压载，增大其吃水深度，使底部壳体不受波浪载荷影响，满足稳定性要求。

2.3 漂浮式风机基础

图 2-21 单立柱式漂浮式基础形式[14]

图 2-22 半潜式漂浮式基础形式[15]

半潜式基础通常包括 3~4 个立柱，通过支撑结构以满足稳定性和可浮性的需求，该类型基础型式的主要优点在于其对水深的要求较低，大大降低了安装与运输过程中的成本和风险。但半潜式基础通常为了确保基础的稳定性，需要增加重量，这将影响基础的运动响应（尤其是垂荡），因此这种基础形式通常相对较重且较为复杂，需要消耗较多的钢材或混凝土，进一步提高了对施工能力的要求。此外，该基础一般需要安装主动压载系统以确保整体结构的平稳性，这大大增加了建造及安装成本。该类基础一般在陆地上进行建造，并在码头完成风机的组装，然后通过拖曳船浮运至目标海域，将基础与预安装的系泊缆进行连接，后续的运维大多数在海上进行，当有重要的维护时可拖回港口。

2011年，世界上第一台半潜式漂浮式海上风机基础在葡萄牙Aguçadoura海域离岸4km、水深45m处进行了试验，该基础装配有Vestas V80-2.0MW风机。目前，已获授权的英国DounreayTri海上风电场项目包含一个半潜式基础，该平台配备了两个5MW风力发电机。另外，法国的De Groix & Belle-Ile 28.5 MW和MISTRAL-Golfe de Fos 10MW海上风电场，其基础形式均为半潜式漂浮式基础。

张力腿漂浮式基础（图2-23）通过张紧的锚链/绳系泊于海床上，预张力通常由基础浮体的剩余浮力提供，且张力必须始终保持在某一数值之上。锚链/绳的张力与结构的重力共同产生一个稳定的扶正力矩，通过消除锚链的垂向震荡，可降低风机的动态荷载，避免在波浪荷载作用下发生共振。这种结构形式已在油气行业中得到应用，用于建造海上油气平台，其适用深度可达1500m。由于所需钢材较少，能够节约大量材料，从而降低了制造成本。然而，随着水深的增加，锚固成本也会随之上升，并且还需要考虑最小水深，以确保锚链/绳具有足够的张力。为避免锚链/绳失效，需要考虑张紧系统的寿命、材料的选择以及安全保障措施等因素。

图2-23 张力腿漂浮式基础形式[16]

西班牙的漂浮式技术公司X1 Wind提出了一种新型的漂浮式基础设计方案Pivot-Buoy（图2-24），该方案获得了欧盟400万欧元的资金支持。目前，该漂浮式基础模型已在那利群岛海洋平台（PLOCAN）进行了模型测试，测试模型约为实际结构的三分之一。PivotBuoy颠覆了现有的漂浮式结构设计，结合了单立柱式和张力腿式基础的优点，大幅减少了用钢量，将主动系统最小化，可搭与更大型的风机搭配使用。在漂浮式基础（PivotBuoy）的安装过程中，系泊系统和电气连接将在现场进行安装，而漂浮式基础和风机则在港口完全组装后，通过传统的拖船拖曳到现场，因此无需使用大型海上船舶。

2.3 漂浮式风机基础

图 2-24 新型漂浮式基础 PivotBuoy[17]

第 3 章　海上风电场前期勘探

前期勘探是海上风电场建造的重要组成部分，也是建设工作中至关重要的一环。根据《建筑工程勘察设计管理条例》（中华人民共和国国务院令第293号）的规定，从事建筑工程勘察设计活动，应当秉持先勘察、后设计、再施工的原则。故而，设计者需要对工程现场的情况有较为深入的了解，本章将介绍与海上风电相关的工程地质勘探、海洋气象观测以及海洋水文勘探等内容。

3.1 工程地质勘察

海洋地质情况复杂，岩土类型繁多，包括岩石、砂土和黏土等。不同的地质条件需选择不同的基础类型。此外，由于浪流的冲刷作用，风机桩基周围会形成不同程度的深坑，对基础的服役性能产生影响。因此，在海上风电场基础设计之前，需查明场区的工程地质条件和灾害地质要素，为基础设计、安装及防护提供参考依据。

根据研究对象的不同，海上风电场地质勘察可分为三类：区域地质勘探、地球物理勘探、岩土工程勘察。通过搜集上述三个方面的信息，可以构建出综合场地模型。综合场地模型是一个涵盖了结构地质、场地地貌、沉积学、地层学、地质灾害和岩土特性等信息的数据库，有助于及时获取场地的相关信息并传达给项目的有关负责人，从而减少风险的发生。然而，综合场地模型的搭建是一项耗资巨大且颇具挑战性的工作。海上风电地质勘探的过程中需要专业的船舶装备，如自升式海洋地质勘探平台（图3-1）和海上风电地质勘探船（图3-2）。

图3-1 自升式海洋地质勘探平台

图3-2 海上风电地质勘探船

3.1.1 区域地质调查

海上风电场的占海面积往往较大，大型风电场的面积可达一百多平方公里。对场区的前期数据可作为规划场地勘察的基础，这些前期数据包括拟建区域的地质构造、不良地质条件以及地质灾害等。区域地质调查是勘察的初期工作内容，用于建立综合场地模型的第一部分。

区域地质调查是指在选定的区域范围内，运用现代地质科学理论和技术方法，在充分研究和运用已有资料的基础上，按规定的比例尺进行系统的区域地质调查、找矿和综合研究，阐明区域内的岩石、地层、构造、地貌、水文、工程地质等基本地质特征及其相互关系。区域地质调查最基本、最主要的工作方法是野外实地勘查和观测研究，并将所获得的地质信息填绘在地理底图上。区域地质调查所用到的仪器设备以及所获取的场地信息见表3-1。区域地质调查所用到的仪器设备如图3-3所示。

表3-1 区域地质调查所用到的仪器设备以及所获取的场地信息

探测仪器	获得的成果图件
多波束测深仪（MBES）	水深图 海底地形图及电缆路线
侧扫声呐系统	海底面状况图 局部或全区的纳图像镶嵌图
地层剖面仪	地层剖面图 浅部地质特征图
磁力仪	海底磁性物体分布图 实测磁场强度或磁异常平面剖面图 （查明海底未引爆的炸药）

多波束回声测深仪是利用多波束回声信号来测量和绘制海底地形及水深的装置。整个系统由声波收发射器、信号处理装置和工作站三个基本部分组成。随着测量船的行驶，可以迅速测出与航迹平行的几千米宽的一条带状海域内各点的深度。再配备必要的软件和绘图设备，就能绘制出所测海域的海底地形图。

侧扫声呐是一种以半定量方式、通过图像形态来测绘水下地貌特征的仪器。它由拖鱼、线缆和处理器三部分组成。其工作原理为：由随船行进的拖鱼产生两束与船行进方向垂直的扇形声束，声波碰到海底、礁石、沉船等物体时会被反射回来，或者受到海水密度、温度的影响而使传播方向和速度发生改变，反射回来的信号由拖鱼接收系统接收、转换放大，然后由处理器以图像的形式记录、显示。通过侧扫声呐声学图谱影像、水深地形测量记录图谱及测线航迹图等可编绘出测区的海底地貌图。

（a）多波束回声测深仪

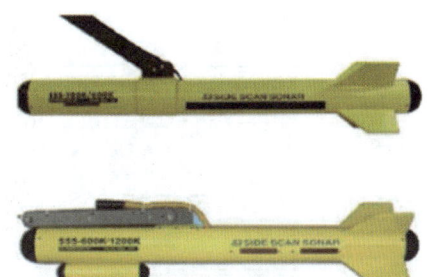
（b）侧扫声呐

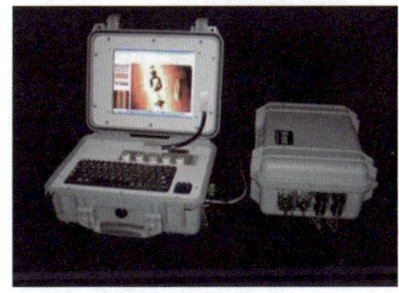
（c）地层剖面仪

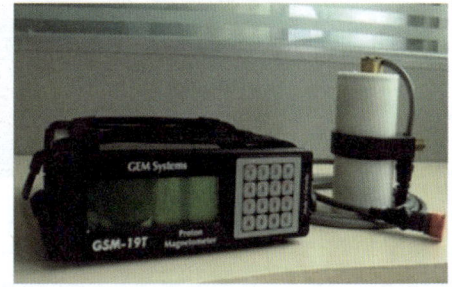
（d）磁力探测仪

图 3-3　区域地质调查所用到的仪器设备

地层剖面仪是利用声波来探测浅底地层剖面结构的仪器。地层剖面仪是在超宽频海底剖面仪的基础上改进而成的，可对海洋、江河、湖泊底部地层进行剖面显示。地层剖面仪可以探测到水底以下的地质构造情况，广泛应用于港口建设、航道疏浚、海底管线布设以及海上石油平台建设等方面。

磁力仪是测量磁场强度和方向的仪器的总称。测量地磁场强度的磁力仪可分为绝对磁力仪和相对磁力仪两类，主要用于进行磁异常数据采集以及测定岩石磁参数。

3.1.2　地球物理勘探

地球物理调查需要调动专业的勘探船来绘制海底的特征，所搜集到的信息可用于更新初步的综合场地模型。地球物理勘探是根据地下岩石或矿体的物理性质差异所引发的某些物理异常现象的变化，来判断地质构造或发现矿体。地球物理勘探主要包括重力法、磁法、电法和地震法，其中重力法、磁法和电法属于普通物探。

重力勘探借助专门仪器（图3-4），能够按照特定方式观测岩层间的密度差异，进而研究地下地质问题。重力勘探旨在研究反映地下岩石密度横向差异所引起的重力变化，用以提供有关构造和矿产等地质信息。根据万有引力定律，当接近较大密度的物体时，引力会增大，反之则引力减小，由此在地表上引起的重力变化被称为重力异常。异常的规模、形状和强度取决于具有密度差的物体的大小、形状及深度。

图3-4　海洋重力勘探仪

磁法勘探利用专门仪器（图3-5），可按特定方式观测岩层间的磁性差异，从而研究地下地质问题。在自然界中，由于受到地球磁场的作用，许多岩石或矿石都不同程度地被磁化而具有磁性，具有磁性的地质体所产生的磁场叠加在正常地磁场之上，形成异常磁场。磁法勘探的主要任务是测定和分析研究各种磁异常，找出磁异常与地下岩石、地质构造及有用矿产的关系，从而得出地下地质情况和矿产分布等有关结论。根据磁场的形态、幅度、走向、分布范围、梯度变化等特征，可以将一个地区的磁场分划分为不同的区带，通过对露头区已知岩系上磁场特征的分析对比，能够了解基底的性质。

图3-5　海洋磁法勘探仪器

电法勘探利用专门的仪器，即海洋电法勘探仪器，按照特定方式观测岩层间的电性差异，进而研究地下地质问题。电法勘探是利用人工或天然产生的直流电场或电磁场在地下的分布规律来研究地球结构、地质构造及找矿。电法勘探以岩石或矿石的电性差异为基础，主要研究的电性差异参数包括电阻率、激发极化率、介电常数、导磁率、电化学活动性等。

地震勘探利用专门仪器并按照特定方式观测岩层间的波阻抗差异，进而研究地下地质问题。地震勘探是利用人工方法激发的波动在地下岩层中传播的规律来测量基岩深度，探测海床底部是否存在松软地质体，以避免潜在的危险。

3.1.3 岩土工程勘察

岩土工程勘察所涉及的实验类型分为两种，其一为原位试验，其二为室内试验。原位试验是指在岩土体的原有位置上，保持其天然结构、含水量以及应力状态不变，对岩土体工程力学性质指标进行测试的方法。室内试验则是在室内对现场采集的试样测定其工程力学性质指标的方法。原位试验和室内试验所涉及的试验方法有所不同。原位实验包括静力触探试验、十字板剪切试验、标准贯入试验、剪切波速试验等，室内试验包括含水率、密度、颗粒分析等试验项目，在勘察时应根据工程类别、岩土条件和现场作业条件等选择合适的试验方法。

静力触探试验能够划分土层及土类，获取土层的工程性质指标，确定桩端持力层以及单桩承载力。目前，海洋静力触探试验主要通过水下静力触探原位测试仪进行。CPT原位静力触探系统主要包括原位测试探头、沉积物取样器、流体取样器、井下贯入总成、脐带缆、脐带缆绞车和甲板测控仪器等，如图3-6所示。

十字板剪切试验是一种利用十字板测定饱和软黏性土不排水抗剪强度和灵敏度的试验。将十字板头从钻孔压入孔底软土中，以均匀的速度转动，通过测量系统测得其转动时所需的力矩，直至土体破坏，从而计算出土的抗剪强度。由十字板剪力试验测得的抗剪强度代表孔内土体的天然强度。

标准贯入试验是在现场测定砂或黏性土地基承载力的一种方法。标准贯入试验设备

图3-6 四桥静力触探探头实物

主要由标准贯入器、触探杆和穿心锤三部分组成。标准贯入试验设备可用于评价地基土的物理状态和岩土情况，计算天然地基的承载力，判断场地砂土/粉土是否发生液化等。

剪切波波速测试通过对波速进行测试分析，能够确定岩土工程地基土的物理学参数、工程指标等，是一种先进的岩土工程勘察技术。对于波速测试技术，可分为剪切波测试、压缩波测试、瑞利波测试。根据测试结果对施工场地类型进行合理划分，能为岩土工程基础结构设计提供参考，包括抗剪、抗压、抗扭刚度等。此外，将波速测试技术应用于岩土工程勘察中，还可获得与地震反映分析相关的地基土动力参数，据此对地基土液化的可能性进行评估分析，可有效保证施工场地类型划分的科学性和合理性。

室内试验通过 GDS 三轴仪、空心圆柱扭剪仪、共振柱试验系统等岩土试验设备对土体的力学特性进行分析，从而计算土层对基础能够提供的承载力。室内试验包括 GDS 三轴仪进行的强度试验、应力路径试验、孔隙压力消散试验等。三轴试验应用范围较广，适用于各种土类，与其他试验方法相比，其所测得的计算参数更为合理、可靠，能更真实地反映土的特性。但该试验操作复杂、耗时，需要有试验技术的人员进行操作，试验结果与试验人员的技术水平有很大关系。此外，三轴试验所需试样较多，仪器设备比直剪仪或固结仪更为复杂且费用较高。

空心圆柱扭剪仪是一种用于土木建筑工程领域的物理性能测试仪器，主要用于进行土体扭剪静动力特性测试。在传统的土工试验中，动三轴仪只能通过施加动偏应力在试样 45°斜面上模拟地震水平向剪切作用，动扭剪仪只能通过施加扭矩来模拟纯剪时的应力状态，难以模拟更复杂的动应力路径，无法满足现代工程的需求。空心圆柱仪可实现包括主应力轴旋转在内的多种复杂应力条件测试。

共振柱试验是根据共振原理在一个圆柱形试样上进行振动，改变振动频率使其产生共振，以此测求试样的动弹性模量及阻尼比等参数的试验。共振柱试验仪器具有应力条件明确、试验结果可靠、稳定等优点，广泛应用于研究土在小应变范围内的动力特性，用以确定土的基本动力参数。

岩土工程勘察可为以下内容的分析和设计提供工程参数：

(1) 风电机组基础的设计及安装。

(2) 海底电缆的敷设。

(3) 桩的轴向承载力，水平受荷桩的 $p-y$ 曲线、地基承载力等。

3.2 海洋气象观测

海上风电机组通过叶片捕获风能，将风能传递至发电机，通过发电机将风能转化为电能。为确保风电机组的高效稳定运行，风电场首先需要具备充足的风资源。风资源是直接影响风电场经济效益的重要因素之一。在海上风力发电场建设之前,需对目标选址地进行海洋气象观测,为海上风力发电场的风能资源评估、工程设计及建设提供基础数据。

3.2.1 长期海洋气象测量

海洋气象随时间变化较大,为准确地获取目标海域的海洋气象信息,需要对该海域进行长期的海洋气象测量。目前,海上风电通常采用测风塔进行长期的海洋气象测量,如图 3-7 所示。测风塔主要有桁架型和圆筒型两种结构,其基础必须能够承受 30 年的风载。除了风速和风向传感器外,在 10m 高度处的测风塔上一般还需安装一套温度计和压力计。风速和风向传感器是测风塔监测风资源状况的主要仪器,应根据测风塔的用途选择不同类型的风速、风向传感器。不同类型测风仪的特点见表 3-2。

图 3-7 海上风电测风塔

表 3-2 不同类型测风仪的特点

类型	举例	优点	缺点
旋转式测风仪	风杯式测风仪	几乎不受风向变化影响、成本低、耐用	响应慢,只能测水平方向的风
压力式测风仪	皮托管	结构简单、便于制造和使用、成本低	仪器本身对流场产生扰动,导致测差
散热式测风仪	热线式测风仪	响应快、测量范围大、信噪比高、可提供温度测量数据	发热金属丝会扰动流场,不适用于空气杂质多和高温的环境
声学测风仪	超声波测风仪	精度较高、响应速度快	敏感度高、成本高
激光测风仪	激光多普勒测风仪	测量不干扰实际流场、无需校准设备、测量范围广	成本很高

单个风电场的测风塔应不少于1座,具体数量应根据风电场场址的形状和范围来确定。潮间带及潮下带滩涂风电场的测风塔在垂直海岸线方向的控制距离不宜超过5km;其他海上风力发电场的测风塔垂直海岸线方向的控制距离不宜超过10km。测风塔布置应兼顾平行与垂直海岸线两个方向的风能资源变化情况。测风塔的测量高度应高于预装风电机组的轮毂高度,且测量高度不低于100m;测量高度应以平均海平面为起算基准面。

海上测风塔的结构应稳定,风振动小,并满足防海水、盐雾腐蚀,防雷电、防热带气旋的要求;测风塔应便于交通工具停靠和人员攀登,并配备详细的安全标志。海上风电场测风塔对海洋气象的观测要求如下:

(1) 风速参数采样时间间隔不应大于2s,并自动计算和记录每10min的平均风速、风速标准偏差及极大风速,单位为m/s;风速传感器应满足测量范围为0~70m/s,分辨率为0.1m/s;当风速不大于30.0m/s时,精度为±0.5%;当风速大于30.0m/s时,精度为±5%;工作环境应满足当地气温条件的要求。

(2) 风向参数采样时间间隔不应大于2s,并自动计算和记录每10min的风向值,单位为度;风向传感器应满足测量范围为0°~360°,精度为±2.5°的要求;工作环境应满足当地气温条件的要求。

(3) 气温参数应每10min采样一次并记录,单位为℃;气温计应满足测量范围为-40~50℃,精度为±0.5℃的要求。

(4) 气压参数应每10min采样一次并记录,单位为kPa;气压计应满足测量范围为60~108kPa,精度为±2%的要求。

3.2.2 短期风速与风向测量

在夏、冬两个季节的全潮水文测验期间,应当进行短期风速、风向的同步测量,选取至少2个具有一定代表性的测站,对海面上的平均风速及相应风向进行测量。将风速、风向传感器安装在船舶顶部,四周应无障碍物,且传感器和桅杆之间的距离应大于桅杆直径的10倍;风向传感器的0°方位应与船首方向一致。风速传感器的分辨率应为0.1m/s,当风速不大于30.0m/s时,精度为±0.5m/s;当风速大于30.0m/s时,精度为±5%。风向传感器的分辨率应为1°,风向以顺时针计量,精度为±5°。风速传感器的外形如图3-8所示。

3.2.3 风资源估计

在前期进行海上风电场选址的过程中,需要对该区域所能捕获的风能进行计算,风能计算公式为:

$$W = \frac{1}{2}\rho v^3 S \tag{3-1}$$

式中　W——风能，$kg·m^2/s^3$；
　　　ρ——空气密度，kg/m^3；
　　　v——风速，m/s；
　　　S——风速截面积，m^2，海上风电中为叶片扫掠面积。

图 3-8　固定式风速传感器、手持风速传感器

风能密度是指气流在单位时间内垂直通过单位截面积的风能，是衡量场区风能大小、评价场区风能潜力的重要指标。将式（3-1）除以相应面积 S，当 $S=1$ 时，便可得到风功率密度公式，也称风能密度公式，即：

$$w = \frac{1}{2}\rho v^3 \tag{3-2}$$

由于风速具有较大的随机性，在实际工程中，需要对场区的风速进行一段时间的观测，通过计算得到的平均风能密度，平均风能计算公式为：

$$w = \frac{\int_{t_1}^{t_2} \frac{1}{2}\rho v(t)^3 \mathrm{d}t}{t_2 - t_1} \tag{3-3}$$

从公式中可以看出，场区的风能资源大小与该区域的风速有直接联系，风速提高 1 倍，风能资源能够提高 8 倍，因此在海上风电场选址时，需要对目标区域进行海洋气象观测。海洋气象观测主要通过测风塔进行，观测要素应包括风速、风向、气温及气压等。

风速是指单位时间内空气在水平方向上移动的距离。由于空气运动的湍流特性，导致风速随机变化。为了便于研究，通常将实际风速分解为平均风速和脉动风速：

$$V(t) = \overline{V}(t) + V'(t) \qquad (3-4)$$

式中 $V(t)$——瞬时风速，是指某时刻 t，空间上某点的真实风速，m/s；

$\overline{V}(t)$——平均风速，是指在某个时间段内空间某点上各个瞬时风速的平均值，m/s；

$V'(t)$——脉动风速，是空间某点在 t 时刻的瞬时风速与平均风速的差值，m/s。

平均风速可以表示为：

$$\overline{V}(t) = \frac{1}{t_2 - t_1} \int_{t_1}^{t_2} V(t) dt \qquad (3-5)$$

在大气边界层中，平均风速随高度发生变化，其变化规律可采用对数分布率或指数分布律来描述，对数分布律如下：

$$\overline{V}(z) = \frac{V_m}{k} \ln\left(\frac{z}{z_0}\right) \qquad (3-6)$$

式中 $\overline{V}(z)$——离地面高度 z 处的平均风速，m/s；

V_m——摩擦速度，m/s；

k——卡门常数；

z_0——地面粗糙长度，m。

对数分布律描述的是地面高度 100m 内的风速。通常，为了计算简便，采用指数分布来描述平均风速随高度的变化：

$$\overline{V}(z) = \overline{V}(z_s) \left(\frac{z}{z_s}\right)^\alpha \qquad (3-7)$$

式中 $\overline{V}(z)$——离地面高度 z 处的平均风速，m/s；

$\overline{V}(z_s)$——离地参考高度 z_s 处的平均风速，m/s；

α——风速廓线指数。

平均风速随时间和空间而变化，其分布具有一定的统计规律。根据已有的平均风速数据，可以计算并绘制出风速的概率密度曲线图。平均风速的分布可用概率密度函数来描述，通常用威布尔（Weibull）分布和瑞利（Rayeigh）分布来描述平均风速的分布。威布尔概率密度函数表示为：

$$p(x) = \frac{k}{c} \left(\frac{x}{c}\right)^{k-1} e^{-\left(\frac{x}{c}\right)^k} \qquad (3-8)$$

式中 k——形状参数；

c——尺度参数。

瑞利分布是威布尔分布在 $k=2$ 时的特例。威布尔分布能够较好地拟合大部分情况下的风速分布，但对于某些情况却不能有效地拟合，要得到准确的平均风速的概率密度曲线，需要大量的风速实测数据。

大气运动是一个随机过程，是一种湍流运动。脉动风随时间和空间的变化是随机的，可以用数理统计的方法来研究脉动风的特性。脉动风速是指空间某点上的瞬时风速与平均风速的差值，即

$$V'(t)=V(t)-\overline{V}(t) \tag{3-9}$$

脉动风速的时间平均值为零，其概率密度函数非常接近于高斯分布。脉动风的统计特性包括湍流强度、湍流尺度和功率谱密度等。

3.3 海洋水文勘测

在海上风力发电工程开发之前，应当进行详尽的海洋水文勘测，以便为项目的规划、设计、施工和运营提供合理可靠的水文数据，工程海域的水文分析计算主要基于该区域的观测资料以及附近海域的水文站、专用站和海洋站的历史数据。在海洋水文分析计算中引用的基础资料，必须经过可靠性、一致性和代表性的分析，同时计算成果也应经过合理性评估。

3.3.1 海洋水文调查与观测

海洋水文的基本资料可通过调查、收集和观测来获取，应包括以下内容：

（1）海洋与河口的概况、海底地貌、工程附近的水文站或海洋站的概况，以及针对本工程开展的海洋水文观测情况。

（2）潮汐、海流、波浪的资料。

（3）含沙量、输沙率、颗粒级配与底质特性资料。

（4）海底地形和演变特征的资料。

（5）水温、盐度、海冰的资料。

海洋水文观测项目主要包括水位、波浪、海流、悬移质含沙量、水温、盐度、海冰、水深、底质、风速、风向等，具体的观测要素应根据任务要求来确定。对于不少于一年的波浪、海流要素观测，应与海上测风塔测风速和风向一同进行。详细的海洋水文要素观测方式及时间要求应符合表 3-3 的规定。

表 3-3　　　　　　　　各海洋水文要素观测方式及时间要求

观 测 项 目	测站类型	观测方式	观测时间
水位	水位专用测站	连续观测	不应少于 1 年
	水位短期测站	连续观测 同步观测	不应少于 30d
波浪	波浪专用测站	连续观测	不应少于 1 年
海流	海流专用测站	连续观测	不应少于 1 年
水深、水文、盐度、悬移质含沙量、海流、风速、风向	全潮水文测站	连续观测 同步观测	不应少于一个完整的大、中、小潮期，各潮期观测时间不应少于 25h
底质	底质采样站	大面观测	应在全潮水文测验期间
海冰	海冰测站	大面观测	应在冬季

水深、水位、海流、波浪、水温、盐度、海冰、悬移质含沙量的观测，应根据工程海域的特点和工程需要，确定观测站点的数量和位置，海洋底质采样测点的数量和位置应依据工程需求来确定。观测方法和要求应符合现行国家标准《海洋调查规范　第 2 部分：海洋水文观测》（GB/T 12763.2）的相关规定。

3.3.2　海洋水文分析计算

3.3.2.1　设计高、低水位的分析与计算

（1）当拥有不少于完整 1 年历时潮位或完整 1 年逐日高、低潮位资料时，应依据历时累积频率曲线或高、低潮累积频率曲线，来计算确定设计高水位和低水位。对于潮汐作用显著的海域，设计高水位应选取高潮累积频率 10% 的潮位或历时累积频率 1% 的潮位，设计低水位应采用低潮累计积频率 90% 的潮位或历时累积频率 98% 的潮位。而对于潮汐作用不太明显的河口海域，设计高水位和设计低水位应分别采用多年的历时累积频率 1% 和 98% 的潮位。

（2）当工程场区或附近海域有不少于连续 1 个月的短期历时潮位资料时，可采用"短期同步差比法"，将其与附近的长期潮位站进行同步相关分析，从而分析计算设计高水位和低水位；或者与附近长期潮位站采用"相关分析法"进行插补延长，综合分析以确定设计高水位和设计低水位。

3.3.2.2　潮间带风电场乘潮潮位累计频率计算

（1）首先确定乘潮所需的持续时间。

（2）在潮位过程线上，选取各次潮历时等于乘潮所需持续时间的潮位值，以这些潮位值作为潮位样本绘制累积频率曲线，在乘潮累积频率曲线上选取所需的累积频率潮位值。

3.3.2.3 不同重现期设计高、低水位的分析与计算

(1) 当工程场区拥有连续 20 年及以上的潮位系列，并且有历史最高、最低潮位的调查资料时，不同重现期设计高、低水位的计算应按照年极值法进行选样，则应以极值Ⅰ型分布或皮尔逊Ⅲ型分布进行统计。若水位主要由潮汐控制的，则应以极值Ⅰ型分布统计成果为主；若水位主要由径流控制的，则应以皮尔逊Ⅲ型分布的统计成果为主。

(2) 当工程场区或附近海域有不少于连续 1 年的高潮位和低潮位资料系列时，该资料系列应与附近拥有不少于连续 20 年资料的长期潮位站采用"相关分析法"进行插补延长，以此分析计算不同重现期设计高、低水位。对于以潮汐为主的海区，也可采用"极值同步差比法"，由长系列站的设计值直接推算至工程点。

(3) 当不具备"相关分析法"和"极值同步差比法"的计算条件，且处于受风暴潮影响严重的地区时，应对设计潮位进行专题研究，并应建立潮位专用站，根据观测资料修正设计潮位值。

(4) 设计潮位的计算成果应通过潮波传播特性、风暴潮增减水幅度与历史最高潮位的比较等进行地区合理性分析。

3.3.2.4 波浪特性分析计算

(1) 应依据现场实测资料分析对波浪特性进行分析，分析内容主要涵盖波型特征、波向、波高和周期方向的统计特征以及年月分布特征等，并绘制波高、周期关系图和波浪玫瑰图。

(2) 应从自然地理与水文气象环境等方面，对测波站相对于工程点的代表性进行剖析，并分方向检验测波站资料的适用程度；对引用的波浪要素系列的一致性与可靠性应进行考察与审定。

3.3.2.5 波浪设计波高计算

(1) 当工程或附近海域拥有连续 20 年及以上实测资料时，可采用分方向的某一累积频率波高的年最大值系列，运用皮尔逊Ⅲ型分布曲线或其他合适的线型，并结合历史特大波高调查资料做频率分析，以确定不同重现期的设计波高；当确定某一波向的设计波浪时，年最大波高及其对应周期的数据，适宜在该方向左右各 22.5° 的范围内选取，当需要每隔 45° 方位角均进行统计时，应对每一波向均值归并相邻一个 22.5° 的数。

(2) 当工程或附近海域测波资料系列年限较短时，波高计算宜结合水域波浪特性，采用短期测波资料经验频率分析方法。

(3) 设计波高计算成果，应结合历史最大波高调查资料进行分析比较，并结合短期波浪观测成果，合理确定设计波高。

3.3.2.6 设计波浪周期计算

(1) 当工程或附近海域的波浪主要为风浪时，可由当地风浪波高与周期的相关关

系计算与设计波高相对应的周期,或按照表 3-4 确定相应的周期。

表 3-4 风浪的波高与周期的近似关系

$H_{\frac{1}{3}}$/m	2.0	3.0	4.0	5.0	6.0	7.0	8.0	9.0	10.0
T_s/s	6.1	7.5	8.7	9.8	10.6	11.4	12.1	12.7	13.2

(2) 当工程或附近海域的波浪主要为涌浪或混合浪时,将与年波高最大值相对应的周期系列用皮尔逊Ⅲ型分布曲线或其他合适的线型作频率分析,确定与设计波高同一重现期的周期值。

(3) 计算所得的周期均应结合调查资料和类似海域的经验,通过比较分析,确定合理的数值。

第 4 章 基础冲刷

海上风电支撑结构长期在复杂恶劣的海洋环境中运行，由于海底洋流的作用，桩基周围的泥沙会发生移动，从而在桩基底部周围形成凹坑，这一现象被称为桩基冲刷。随着时间的推移，如果冲刷现象得不到妥善处理，冲刷将会逐渐加剧。随着桩周冲刷坑的不断扩大，将会对海上风电支撑结构产生严重的影响，轻则引发结构振动异常报警停机，重则造成结构异常共振，甚至导致风机倒塌。本章将重点介绍冲刷现象的形成与演变机理、冲刷的计算方法、冲刷防护措施以及冲刷试验等相关内容。

4.1 冲 刷 概 述

冲刷的本质是由波浪和水流引发的泥沙输移或土壤侵蚀，具体表现为基础周围海床的局部下陷。冲刷会使基础在冲刷深度范围内处于无支撑的状态，进而降低其承载力，对整体基础结构的稳定性产生不利影响，因此冲刷是海上风电支撑结构设计中必须予以考虑的重要因素。通常，根据冲刷深度 S 和冲刷宽度 L_s 来量化描述冲刷现象的严重程度。

近海风电结构在我国沿海地区已得到大规模的建设，其中有相当大的一部分位于大洋环流地带或潮间带，受到单向海流或潮流的影响较为显著。海上风电机组在运行时，需要面临非常复杂的环境条件，包括风、波浪、洋流等多种海洋地质复杂荷载的叠加作用。海上风机基础建设后，波浪和水流的共同作用会改变基础附近水流质点的流线，进而影响一定范围内的水流状态，最终导致基础附近局部范围内海床上的土颗粒随水流运动，从而引发海床土体的冲刷现象，图 4-1 展示了某海上风电场单桩基础及导管架基础冲刷现象的三维扫测结果。

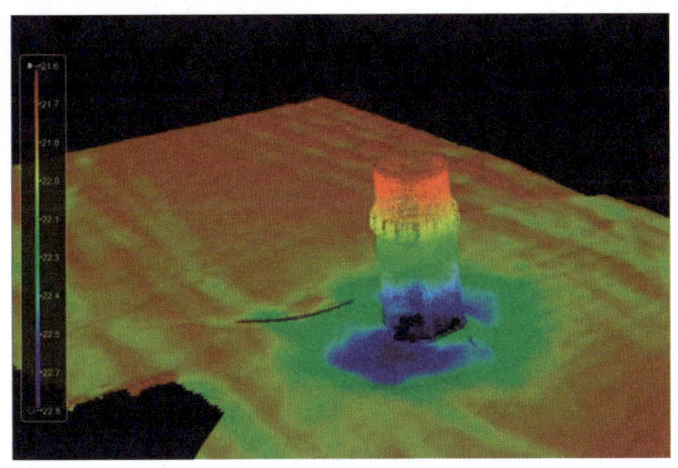

(a) 单桩基础桩周冲刷坑

图 4-1（一） 单桩及导管架基础冲刷现象的三维扫测结果

(b) 导管架基础桩周冲刷坑

图 4-1（二） 单桩及导管架基础冲刷现象的三维扫测结果

海床冲刷会减小基础的入土深度，增加基础的悬臂长度，进而降低其刚度并增大倾覆弯矩，对基础结构的承载能力产生严重的影响；此外，冲刷也会降低风电结构的自振频率，增加结构的位移，对基础结构的疲劳寿命产生不利的影响。图 4-2 展示了不同冲刷深度对海上风电单桩基础的自振频率和疲劳损伤程度的影响。海上风机基础的冲刷问题已成为影响整体结构安全性能和使用寿命的关键因素，因此对冲刷问题进行深入研究至关重要。

在海上风机基础结构的设计中，必须结合目标海域的环境条件、基础结构的型式尺寸等内容来判断是否存在冲刷风险。对于可能出现冲刷的情况，设计中通常采取两种应对方式，一种是选用适当的冲刷防护措施，保护桩基附近海床上的土颗粒不受冲刷的影响。常用的冲刷防护措施有抛石防护、砂被防护等等，具体应用将在后续章节中进行详细介绍；另一种是依据计算或模型试验分析得到冲刷坑的最大深度，在设计过程中不考虑该部分土层的支撑作用，采用加深桩长的冗余设计等方式来保证基础承载力不受冲刷的影响。

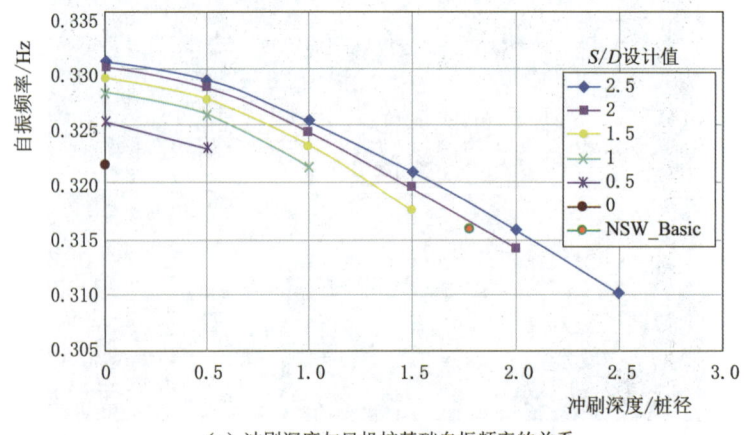

(a) 冲刷深度与风机桩基础自振频率的关系

图 4-2（一） 不同冲刷深度对基础自振频率和疲劳损伤程度的影响

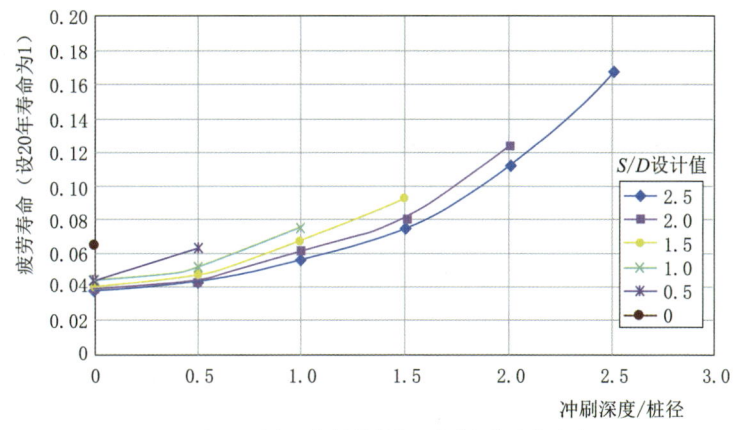

(b)冲刷深度与风机桩单桩基础疲劳损伤度的关系

图 4-2(二) 不同冲刷深度对基础自振频率和疲劳损伤程度的影响

4.2 冲 刷 机 理

海上风电场所处的环境条件比较复杂,风、浪、流等气象水文要素对风电机组基础的影响不容小觑。尤其是在海上风机基础建设后,潮流和波浪引发的水体运动对其产生的影响尤为显著。当基础朝向来流的一侧时,会形成马蹄涡;基础的背水一侧,则会产生涡流(卡门涡街);同时,基础的两侧还会呈现出流线收缩的现象,如图 4-3 所示。这种局部流态的改变,会致使基础附近水流对海床表面土颗粒的剪切应力增加,进而提高水流的挟沙能力。此外,波浪的反射和散射、波浪破碎以及海床面土颗

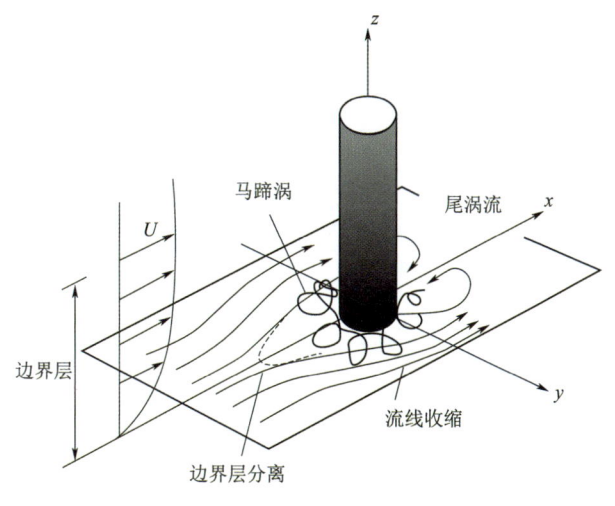

图 4-3 桩周流场示意图

粒的液化等现象，都有可能导致基础周围局部范围内的土颗粒随水流移动。这种水体对海床表面土颗粒的输移会在基础周围局部范围内形成冲刷坑，从而影响整体结构的安全性能和使用寿命。

海上风机基础结构周围产生冲刷的根本原因是其周围流态的改变导致局部床面切应力增强，进而引发冲刷现象。随着冲刷坑的不断发展，风机基础周围海床面的切应力会逐渐下降，最终达到冲刷平衡状态，此时冲刷坑将不再扩大。尽管海上风机基础冲刷的原理相对较为简单，但由于其周围流态和切应力分布复杂，要形成一套能够准确预测风机基础周围冲刷现象的完整理论仍面临诸多困难。因此，自上个世纪以来，各国学者针对冲刷问题展开了大量研究，以期更好地预测和预防冲刷对海上风电结构的影响。

4.2.1 冲刷应力放大系数

冲刷应力放大系数能够反映海床泥面处剪切应力的变化情况，在考虑波浪作用时可采用下式计算：

$$\alpha = \frac{\tau_{\max}}{\tau_{\max,\infty}} \tag{4-1}$$

式中　α——冲刷应力放大系数；

$\tau_{\max}$——结构物放置后海床剪切应力 τ 的最大值，Pa；

$\tau_{\max,\infty}$——结构物放置前海床剪切应力 τ 的最大值，Pa。

在恒定流条件下，冲刷应力放大系数 α 表达式中的 $\tau_{\max}$ 和 $\tau_{\max,\infty}$ 可分别用常数 τ 和 τ_∞ 替代。稳态流中冲刷放大系数 α 可达 7～11。

4.2.2 希尔兹参数

希尔兹参数（Shields parameter）是区分清水冲刷与浊水冲刷的标准，可按照下式（4-2）进行计算：

$$\theta = \frac{U_f^2}{g(s-1)d} \tag{4-2}$$

$$U_f = \sqrt{\frac{\tau_\infty}{\rho}} \tag{4-3}$$

式中　θ——希尔兹参数；

U_f——床面剪切速度，m/s；

g——重力加速度，m/s²；

s——土颗粒比重；

d——土颗粒粒径，mm；

ρ——海水密度，kg/m^3。

在实际应用中，土颗粒粒径 d 可选用 d_{50} 代替。清水冲刷与浊水冲刷的判别规则如下：

$$\begin{cases} \theta < \theta_{cr} & (清水冲刷) \\ \theta > \theta_{cr} & (浊水冲刷) \end{cases} \quad (4-4)$$

式中　θ_{cr}——临界希尔兹参数。

临界希尔兹参数 θ_{cr} 是海床表面土颗粒开始运动时 θ 的值，一般为 0.05～0.06。

在分析基础结构局部冲刷时，区分清水冲刷与浊水冲刷至关重要。冲刷坑的发展以及冲刷深度与进场流速之间的关系都因冲刷方式的不同而有所差异。在清水冲刷的情况下，冲刷坑深度受希尔兹参数 θ 的影响非常显著。希尔兹参数 θ 非常小时，冲刷坑深度几乎为零，随着希尔兹参数 θ 的增大，冲刷坑的深度将急剧增大。当达到浊水冲刷的条件时，冲刷坑的深度同样会随着希尔兹参数 θ 的增大而增大，但变化趋势会趋于缓和。

4.2.3　KC 常数

在波浪条件下，海上风机基础结构的冲刷主要由来流一侧的马蹄涡与背水一侧的涡流共同作用，两个过程主要由 KC（Keulegan - Carpenter）常数控制。KC 常数是描述波浪运动引起的水质点运动强度与结构物尺寸的无量纲参数，通过以下公式计算：

$$KC = \frac{U_m T_m}{D} \quad (4-5)$$

式中　U_m——水流最大速度，m/s；
　　　T_m——波浪周期，s；
　　　D——基础结构直径，m。

4.3　冲　刷　深　度

海上风电支撑结构的稳定性近年来已成为海岸与近海工程学科的关注焦点，波浪和海流作用下风电基础周围的冲刷会对风机结构稳定性产生显著影响，因此最大冲刷深度也成为风机基础设计的关键参数之一。在计算海上风机基础结构在波浪和海流作用下的冲刷深度计算时，目前存在多种方式，其中基于模型试验结果和经验修正公式的方法相对简便，应用也最为广泛。此外，随着计算机技术的不断发展，三维数值模拟方法的应用也日益增多。

在进行基础冲刷分析时，首先应依据工程实际环境来判断是否会产生冲刷，具体的判断流程可参考图 4-4。对于可能产生冲刷的情况，需根据相关的冲刷深度计算方法来确定其大小，进而考虑是否需要进行冲刷防护以及选用何种冲刷防护方式。

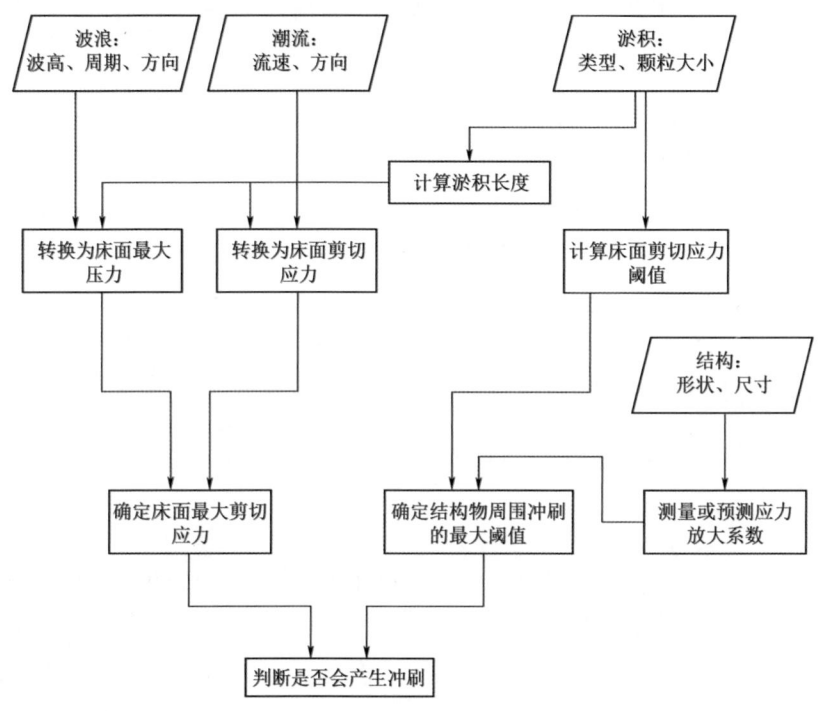

图 4-4　基础冲刷判定流程图[21]

目前，国内外用于计算波浪、潮流作用下冲刷深度的公式众多，国外广泛认可的是 DNV GL 等海上机组基础设计规范中关于机组基础冲刷深度相关的相关规定，而国内尚无相关规范，但国内已有相关学者对此进行了研究，例如韩海骞和王汝凯提出的公式等。下面将详细介绍一些有关冲刷深度的计算方法。

4.3.1　DNV 规范

《挪威船级社海上风电结构设计规范》（DNV-OS-J101）引用 Sumer 和 Petersen 的一些研究成果，通过实验发现，桩基在稳定潮流作用下，局部冲刷深度达到最大值。而在波浪和潮流的联合作用下，桩基的最大局部冲刷深度反而会减小。基于此，DNV 规范给出了如下波浪作用下平衡冲刷深度 S 的经验表达式：

$$\frac{S}{D} = 1.3[1 - e^{-0.03(KC-6)}] \quad (KC \geqslant 6) \quad (4-6)$$

式中　S——冲刷深度，m；

D——竖直墩柱的直径，m。

此公式适用于浊水冲刷，即 $\theta > \theta_{cr}$ 的条件，对于大直径基础，需提前验证此经验公式的可行性。平衡冲刷深度 S 可作为结构设计的依据。为保证结构的安全性，可以在适当的情况下增加安全系数。

在恒定流的条件下，DNV 规范规定海床表面不受干扰的最大剪切流速 U_{fc} 可采用 Colebrook White 方程求解，即：

$$\frac{U_c}{U_{fc}} = 6.4 - 2.5 \cdot \ln\left(\frac{2.5d}{h} + \frac{4.7v}{h \cdot U_f}\right) \quad (4-7)$$

$$\tau_c = \rho U_{fc}^2 \quad (4-8)$$

式中　U_c——临界流速，m/s；

d——土颗粒粒径，m；

h——海水深度，m；

v——海水运动黏滞系数，m/s²，取 10^{-6} m/s²；

U_f——床面剪切速度，m/s；

τ_c——床面剪切应力，Pa；

ρ——海水密度，kg/m³。

在波浪条件下，海床表面不受干扰的最大剪切流速 U_{fw} 可按下式计算：

$$U_{fw} = \sqrt{\frac{f_w}{2}} \cdot u_m \quad (4-9)$$

$$f_w = \begin{cases} 0.04(a/k_N)^{-0.25} & (a/k_N > 100) \\ 0.04(a/k_N)^{-0.75} & (a/k_N > 100) \end{cases} \quad (4-10)$$

$$a = \frac{u_m T}{2\pi} \quad (4-11)$$

$$\tau_w = \rho U_{fw}^2 \quad (4-12)$$

式中　f_w——摩擦系数，N/m²；

u_m——基础处海床附近波浪速度最大值，m/s；

a——水质点在海床附近运动轨迹的长半轴，m；

k_N——床面糙率，取 $2.5d_{50}$，d_{50} 为泥沙颗粒的中值粒径，mm；

T——波浪周期，s；

τ_w——床面剪切应力，Pa；

ρ——海水密度，kg/m³。

在波流联合作用下，床面剪切应力可用均值 τ_m 及最大值 τ_{max} 表征，其计算公式如下：

$$\tau_{max} = \tau_c \left[1 + 1.2\left(\frac{\tau_w}{\tau_c + \tau_w}\right)^{3.2}\right] \quad (4-13)$$

$$\rho U_{f,\max}^2 = \tau_{\max} = \sqrt{(\tau_m + \tau_w\cos\varphi)^2 + \tau_w^2\sin^2\varphi} \qquad (4-14)$$

式中 φ——波流夹角，(°)。

冲刷深度的时间尺度可按下式表示：

$$S_1 = S[1 - e(-t/T_1)] \qquad (4-15)$$

式中 S_1——某一时刻对应的冲刷坑深度，m；

S——平衡状态下最大冲刷坑深度，m；

T_1——冲刷的时间尺度，s。

冲刷时间尺度 T_1 可通过以下公式计算：

$$T^* = \frac{\sqrt{g(s-1)d^3}}{D^2}T_1 \qquad (4-16)$$

其中，T^* 由经验表达式给出：

$$T^* = \begin{cases} \dfrac{1}{2000}\dfrac{h}{D}\theta^{-2.2} & \text{（恒定流条件下）} \\ 10^{-6}\left(\dfrac{KC}{\theta}\right)^3 & \text{（波浪条件下）} \end{cases} \qquad (4-17)$$

4.3.2 韩海骞公式

韩海骞对潮流作用下杭州湾大桥、金塘大桥、沽渚大桥的实测冲刷数据进行了分析，并结合水槽试验与数值模拟，运用量纲分析及多元回归法，构建了如下潮流作用下的局部冲刷计算公式：

$$\frac{h_b}{h} = 17.4 k_1 k_2 \left(\frac{B}{H}\right)^{0.326}\left(\frac{d_{50}}{h}\right)^{0.167} Fr^{0.628} \qquad (4-18)$$

式中 h_b——潮流作用下桥墩的最大局部冲刷深度，m；

h——全潮最大水深，m；

d_{50}——床面泥沙的平均中值粒径，mm；

Fr——水流 Froude 数；

k_1——基础桩平面布置系数；

k_2——基础桩垂直布置系数；

B——全潮最大水深条件下的阻水宽度，m。

4.4 冲刷防护

根据 4.1 节的介绍，海上风电机组基础结构的冲刷通常有两种防护方案。其一是采用抛石防护、土工袋填充物防护、固化土防护以及仿生草防护等常见或新兴的冲刷防护措施，以保护基础附近海床上的土颗粒不受冲刷影响；其二是依据计算或模型试验分析得出冲刷坑的最大深度，在设计过程中不考虑该部分土层的支撑作用，通过加深桩长等方式来确保基础承载力不受冲刷影响。

4.4.1 抛石防护

抛石防护是一种有着悠久历史的冲刷防护措施。早在1893年，它就被应用于海洋工程中，Engles为减轻桥墩的冲刷问题，在其冲刷坑范围内抛填了石块，以此防止水流冲刷对桥墩结构安全性造成破坏。

抛石防护的方法和原理比较简单。对于海上风电机组基础结构，在基础周围一定范围内进行抛石加固处理，可以改善基础周围土体的状况。在实际设计中，进行冲刷范围的理论计算时，应适当考虑抛石对土体的改善作用，从而使抛石防护范围可比理论计算范围适当缩小。此外，抛石的厚度、粒径，基础的尺寸，床面形态以及抛石防护的失效等因素，都会对抛石防护的冲刷防护效果产生不同程度的影响，在设计阶段应予以充分重视。较大的基础结构尺寸会形成更强的漩涡体系，使得侵入抛石防护的水流增强，从而导致抛石防护被破坏；抛石层较薄时，若未设置反滤层的，可能会引发更为严重的冲刷；将抛石层布置在床面下一定深度，能更好地避免抛石防护出现剪切失效、分选失效、边缘失效以及在动床条件下发生床面形态破坏等情况。图4-5展示了海上风电单桩基础的抛石防护示意图。

图4-5 单桩基础的抛石防护示意图

4.4.2 土工袋充填物防护

土工袋（包括土工织物编织袋、土工模袋等）在充填混凝土块、石块、砂、土等不同充填物后，作为码头、防波堤或近岸工程的冲刷防护措施，同样拥有悠久的历史。与抛石防护相比，土工袋填充物防护具有更好的整体性和更强的适应变形能力。

土工袋填充物防护的方法和原理也较为简单。进行防护时，根据基础周围的局部冲刷分析确定应防护的范围，并计算土工袋单体的抗浮、抗冲刷及抗掀动稳定性。土工袋的尺寸可根据实际情况而定，一般采用 0.6～2.0m 的单袋进行抛填，此外，也有采用大体积膜袋灌注填充物的工程案例。对于单体袋装充填物的抛投，在施工前，应针对水流造成的抛投体落地距离进行相应的工艺性试验。

对于海上风电机组基础结构，土工袋充填物的选择应考虑其经济性、材料来源以及施工的便利性等因素。在防护范围内的不同区域，可以考虑使用不同的填充物。靠近基础的区域，土工袋单体可较大，袋装物的密度也可相应增大。离基础稍远的区域，单体可较小，但应满足稳定性的要求，充填物应尽可能以砂、土为主，以确保土工袋系统与海床之间能够实现较为顺利的过渡。施工时，应选择水流较缓的低平潮时段进行，以应对施工区域可能存在的水深、浪急以及基础附近易形成旋流等问题。

图 4-6 所示为土工袋充填物防护示意图。

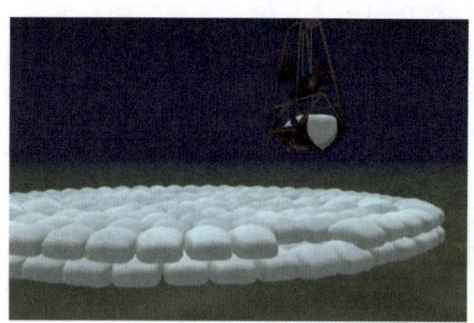

图 4-6　土工袋充填物防护示意图[25]

4.4.3　固化土防护

固化土防护是近年来兴起的一种防护手段。在施工过程中，固化土原料经由管道输送至海上风电机组基础结构周围的海床面上，经过一段时间后，会形成固化土层，从而达到冲刷防护的目的，如图 4-7 所示。

固化土防护主要依托于淤泥固化技术。淤泥固化是一种复合实用型材料固化的新型技术，借助固化剂的作用，能使淤泥中的水分发生水化、水解反应，进而生成水化产物和胶凝物质。淤泥中存在的一些细小颗粒会被胶凝物质凝结、包裹，最终形成一个以水化胶凝物为主的骨架结构。此外，淤泥中存在的次生矿物也会因激发剂的激发而被激活，进一步推动反应的进行，最终形成硅酸盐类的高强度架构。从理论上讲，

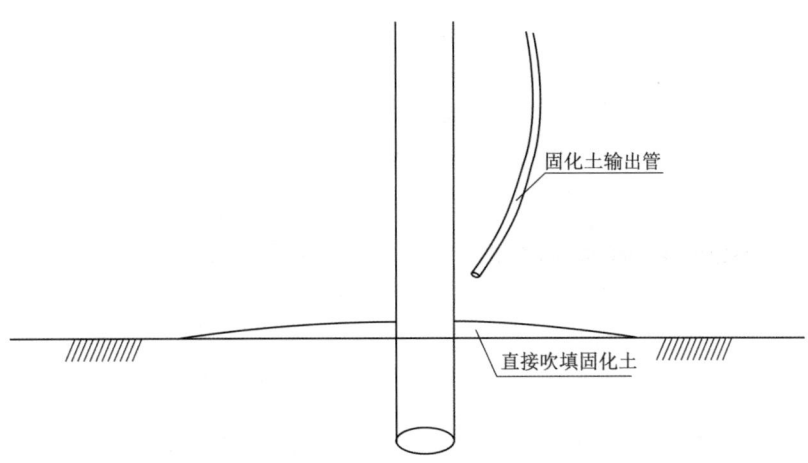

图 4-7 固化土冲刷防护示意图

固化胶凝的生长周期较长，一旦固化土形成，其寿命可达 50～100 年，远远超出海上风电机组的设计使用寿命。固化土防护具有较强的水稳定性，良好的防冲刷性能以及优异的整体性和边界延展性。它的表面光滑洁净，底部不渗水，在抵御涌浪破坏方面具有显著作用。

4.4.4 仿生草防护

仿生草防冲刷保护技术是基于海洋仿生学原理研发的一种海底结构物防冲刷保护技术。海底结构物的仿生草防冲刷保护装置的最初设计灵感来源于 20 世纪初国外学者观察到的河道植物对水流的阻碍效应，其后经众多学者证实，仿生草防冲刷保护技术具有显著的防冲刷效果，能够有效减小水流冲刷的影响，保护相关结构物，随后逐渐应用于各种海底结构物的冲刷防护。

早在 20 世纪 80 年代中期，英国的一些研究机构就已开始探讨和开发仿生草技术在海底结构物防冲刷保护中的应用，并取得了初步的研究成果。到了 20 世纪 90 年代中期，这一技术得到了英国、美国等国家官方机构的认可，开始广泛应用于解决海底管线裸露、悬跨等问题。1984 年夏天，英国率先在北海的一条裸露海底管线上铺设仿生草，一年半后对该管线进行勘查时发现，这条管线已重新被沉积物覆盖。这是世界上最早成功运用仿生草技术的案例。国内对仿生草技术的研究和应用相对国外较晚，直到最近几年，国内才逐渐展开对仿生草技术的研究。较为成功的应用案例是胜利油田在埕岛海域海底管道设置的仿生草防冲刷保护装置，安装后的几年连续监测结果显示，该装置对海底管道具有较好的防冲刷保护效果。近年来，随着海上风电产业的高速发展，以及海上风电机组基础结构冲刷问题的日益凸显，仿生草冲刷防护技术也逐渐开始应用于该领域。

海底结构物防冲刷保护的仿生草通常选用耐海水浸泡、抗长期冲刷的各类新型高分子材料进行加工制作,大多采用由安装基垫和特殊设计的海底锚固装置铺设于海底的方式进行安装,以实现对海底结构物的防冲刷保护,图4-8所示为海上风电复合筒型基础仿生草防护示意图,图4-9所示为一种单块体仿生草室内模型。

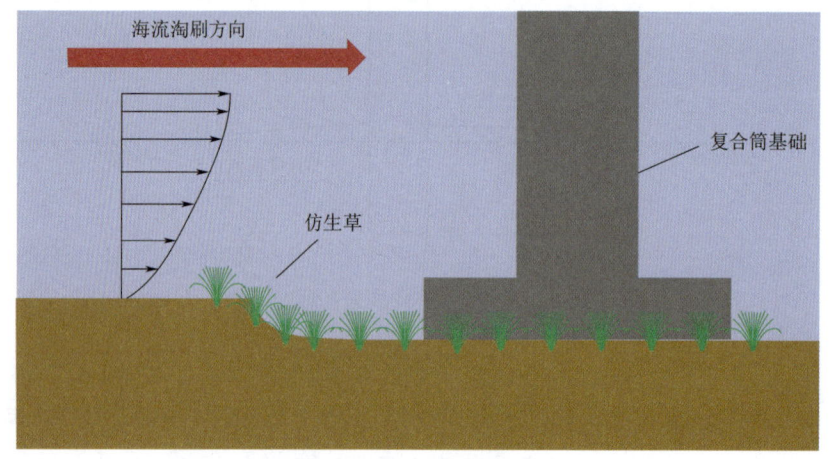

图4-8 仿生草防护示意图

图4-9 单块体仿生草室内模型

仿生草防冲刷保护技术的原理是,当海底水流流经仿生草时,会受到仿生草的柔性黏滞阻尼作用,流速降低,从而削弱水流对海床的冲刷能力;同时,由于流速的降低和仿生草的阻碍作用,促使水流中夹带的泥沙在重力作用下沉积,在仿生草布置区域形成海底沙洲,进而实现冲刷回填,避免二次冲刷的形成,如图4-10所示,图中C_1为进入流速,C_2为当前流速。

4.5 冲刷试验

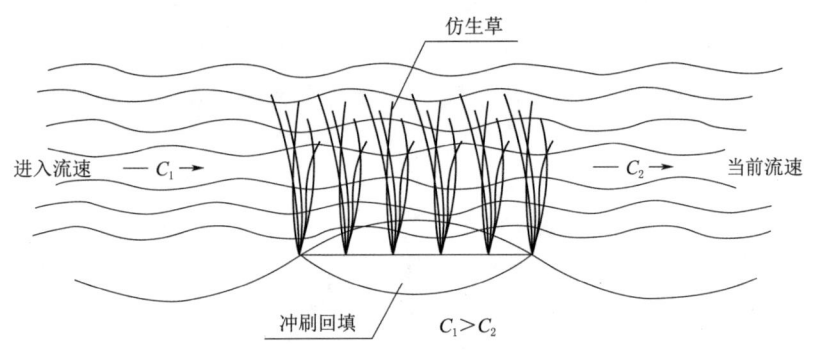

图 4-10 仿生草冲刷防护原理示意图

4.4.5 预留冲刷深度

在海洋工程领域中，可通过预留一定的冲刷深度来进行结构设计，从而从结构层面解决冲刷问题。该方法主要适用于海洋工程中桩基入土深度较大，且基础整体刚度受冲刷影响相对较小的情形。该办法相当于通过增加一定的基础钢材用量来抵消基础冲刷所带来的影响。对于海上风电的桩基础，如三脚架基础、四桩导管架基础、高桩承台基础等，各桩基之间的距离较远，相互影响较为有限，在计算时仅需考虑单根桩的局部冲刷情况，由于其直径相对较小，冲刷深度也有限，因此通过预留冲刷深度是一种较好的解决方式。设计时，根据计算得出最大冲刷深度，并考虑一定的安全余量后作为桩基冲刷设计的冗余设计进行整体建模计算，以确保结构的强度、变形、稳定性、频率等各方面都能满足设计要求。

4.5 冲 刷 试 验

海上风电机组基础的局部冲刷是一种复杂的自然现象，与海流流场、泥沙颗粒材料性质等因素密切相关。仅凭借经验公式的计算和现场的冲刷监测等手段，难以准确获取冲刷坑的演变规律、最大冲刷深度以及冲刷平衡历时等信息。因此，基于相似理论的物理模型试验是研究海上风电机组基础结构冲刷问题的有效途径，对实际工程设计具有重要的参考价值。下面将介绍一些专家学者在开展研究时所设计的冲刷物理模型试验。

4.5.1 杜硕模型水槽试验

杜硕通过模型水槽试验，对单独恒定流、单独波浪及波流联合作用下单桩基础的局部冲刷问题进行了研究,旨在确定不同水流条件下单桩基础局部冲刷最大深度发生的位置以及波流联合作用下冲刷深度的最大影响因素等问题。试验水槽及相关测量设备的布置如图 4-11 所示,其中 ADV 为声学多普勒流速仪,D 为桩径。

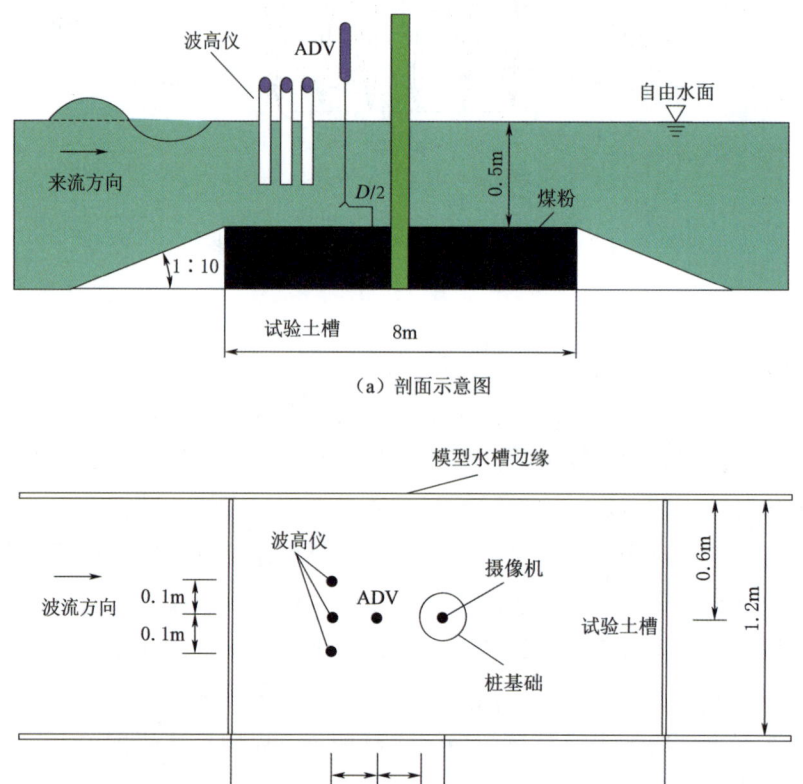

图 4-11　波流试验水槽及测量设备布置示意图[26]

在试验过程中,所造波浪和水流的方向相同。该试验针对 0.08m 小直径桩基和 0.2m 大直径桩基,共进行 30 组局部冲刷试验,包括单独恒定流作用下的 6 组、单独波浪作用下的 6 组以及波流共同作用下的 18 组,具体试验步骤如下:

(1) 向波流水槽中注水,直至水位超过试验土槽底部达 15cm 后,然后将提前饱和的试验所用煤粉缓慢填入试验土槽中,用刮砂平板将煤粉抹平,静置 12h。

(2) 继续向水槽中注水,直至达到试验所需水位(0.5m)。

(3) 启动造波机和造流系统,同时产生波浪和恒定流,将流速调整至对应试验工况,并启动信号采集系统,对进行波浪要素和水流流速进行测量。

(4) 波流作用 2h 后,停止造波、造流设备,待水面波动停止后,读取桩周各测点的局部冲刷深度。

(5) 缓慢放出水槽中的水,拍摄并记录桩周冲刷坑及地形变化情况,清空试验土槽如有必要,更换模型桩。

(6) 整理试验仪器和数据,进行下一组试验。

具体的试验结果及结果分析等内容参见文献 [26]。

4.5.2 史忠强往复流水槽试验

史忠强建立了往复流造流水槽,对复合筒型基础周围的局部冲刷进行了系列模型试验研究,以此来确定复合筒型基础周围的三维水流特性及基础周围切应力分布规律。试验段布置在水槽中段,距离进出口 13.5~22.5m 处的 9m 范围内,水槽从进口到出口依次为进口段、过渡段、试验段、过渡段、出口段,如图 4-12 所示。

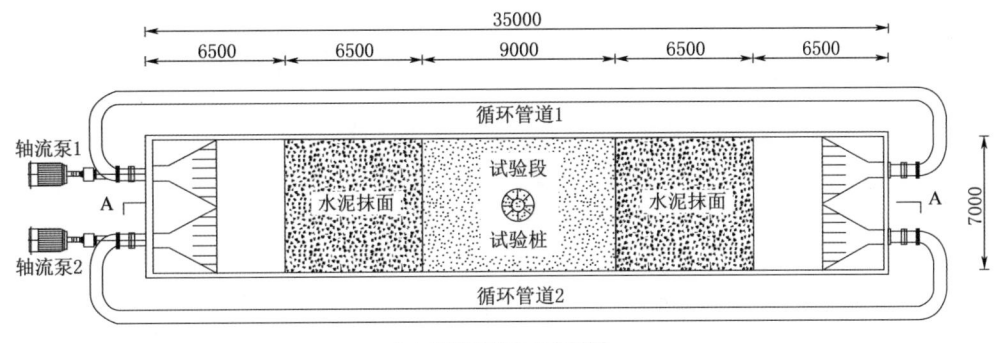

(a) 造流系统平面布置图

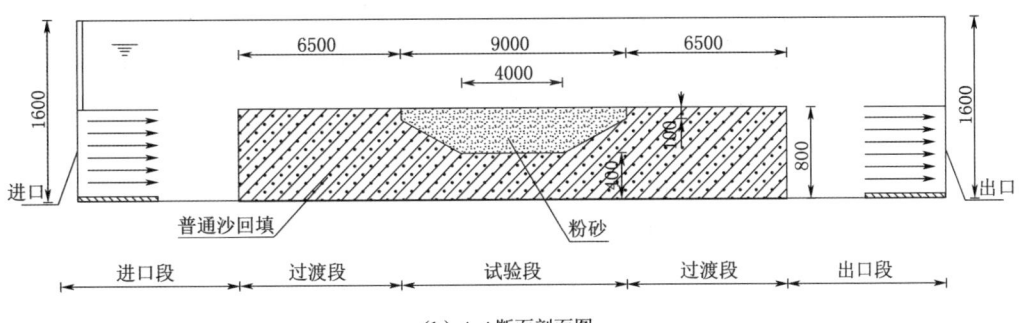

(b) A-A 断面剖面图

图 4-12 往复流造流系统布置示意图(单位:mm)

在实验过程中,为确保水槽中的水流平行于水槽壁面,在水流进口前方均匀布置了 10 块由工程塑料制成的消能块体,并在过渡段上方靠前位置分别放置了一排整流栅,如图 4-13 所示。

此试验依据某海上风电场的现场实测资料,根据筒型基础的现场尺寸和试验室场地情况,确定了 1:20、1:40 及 1:70 三个不同的系列比尺,对三个不同比尺的模型分别进行了冲刷试验。下面对该试验的方法进行详细介绍。

图 4-13 整流栅和消能块体

试验前的准备工作主要包括：

（1）造流水槽的建设。根据研究任务，构思并建设往复流系统，并对系统以及测量设备进行调试，确保其能够达到试验要求。

（2）模型加工和试验沙准备。按照选定的比尺，加工制作不同大小的筒型基础模型，将选用的试验沙从现场运至试验场地，并进行颗粒分析试验。

（3）仪器设备的率定。在试验开始之前，对三个不同比尺的试验造流参数进行率定，并对测量水位的波高传感器进行率定。

（4）测点布置和床面整平。针对试验的研究内容，进行不同测点的布置。将床面整平后，关闭水槽底部的阀门，用抽水泵向水槽内缓慢注水，以避免试验段表面的床面泥沙受到过大扰动。待水位达到第一组试验设计水位时停止注水，浸泡 24h，准备开始试验。

试验过程主要有以下四个步骤：

（1）开启往复流系统和测量系统，输入之前率定的造流参数，首先进行 1∶20 比尺的冲刷试验。试验开始时，记录下试验开始时间，每隔 1 小时对筒型基础周围典型测点和两个特征剖面上的测点进行依次测量。

（2）每测完一次 8 个典型测点，绘制每个典型测点冲刷深度随时间变化的历时曲线，观察每个测点是否达到平衡状态，否则继续进行冲刷，直至达到冲刷平衡状态为止。待试验达到平衡后，记录冲刷平衡时间，停止造流，水槽不放水，进行模型周围地形的整体测量。

（3）整体地形全部测量完之后，打开下水闸门，将水槽中的水缓慢放掉，以避免大的流速破坏地形，静置 24h，待冲刷坑里的积水全部浸入沙体之后，对冲刷坑的形态进行拍照记录，确定出最大冲刷深度的位置，用钢尺量测最大冲刷深度值和冲刷坑的范围。

(4) 将床面恢复平整，按照之前介绍的步骤进行下一个比尺的试验。

具体的试验结果及结果分析等内容参见文献 [27]。

4.5.3 姜松波流水槽试验

姜松通过物理模型试验，对波流共同作用下大直径圆柱周围的局部冲刷以及冲刷坑内的水动力特性展开了研究。试验选取了 6 种典型工况，通过改变波要素和水流流速，来探讨不同的 KC 数、弗劳德数 Fr 等对大直径圆柱周围局部冲刷特性的影响。试验水槽及相关设备的布置如图 4-14 所示。

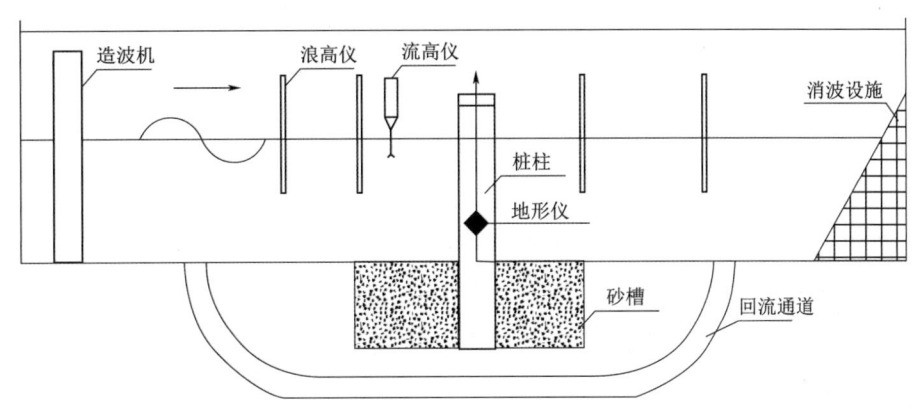

图 4-14　水槽及相关设备布置示意图

在实验过程中，为避免水槽边壁效应对大直径圆柱产生影响，将圆柱边缘到水槽边壁的距离设定为 2.0 倍柱径。在所有试验工况条件下，波浪与水流均同向传播，试验水深恒定为 0.4m，入射波高为 0.4~0.12m 之间，周期为 1~1.1s，水流速度为 0.1~0.29m/s。具体的试验步骤如下：

(1) 对筛分好的试验沙进行多次随机取样，利用 Mastersizer2000 激光粒度仪进行粒径分析，从而得出其级配曲线。

(2) 按照试验布置方案，将圆柱模型放置于沙槽的正中央，采用中值粒径为 0.22mm 的均匀沙堆成沙槽，以形成平底沙床。

(3) 在开始试验前，将沙床整平，确保沙床平面高程保持一致。沙床整平后，缓慢向水槽内加入清水，直至水位达到 40cm 刻度线处，浸泡 4h，然后按照试验布置方案布置各试验仪器。

(4) 按照试验工况进行造波造流操作，为防止波流的反射作用，采用间断造波造流的方式，即造波造流持续 1.5min 后停止，待水面平稳后再进行下一次造波造流，直至柱周冲刷达到平衡状态。试验过程中，对柱周冲刷发展的历时以及床面冲刷的形态进行测量，同时对达到冲刷平衡后的柱周不同断面流速进行测量。

(5) 当达到冲刷平衡后，通过水下三维激光扫描仪对柱周的平衡地形进行测量。

(6) 完成一组试验工况后，将水槽内的水放掉，翻动并搅拌床面泥沙，使泥沙混合均匀，并重新整平床面，重复步骤（3）至（5）进行下一组试验工况。

具体的试验结果及结果分析等内容参见文献［28］。

4.5.4 陈琛模型试验

陈琛通过在1g条件下的1∶100小比例模型试验，研究了冲刷深度、保护装置、砂土密度和桩埋置深度对单桩基础位移、水平承载力、桩身应力以及第一自振频率的影响。该试验在自行设计的模型槽中进行，模型槽的尺寸为长1.2m，宽0.9m、深0.8m。模型槽从下到上依次为0.1m碎石、0.02m土工布、0.7m砂性土，如图4-15所示。

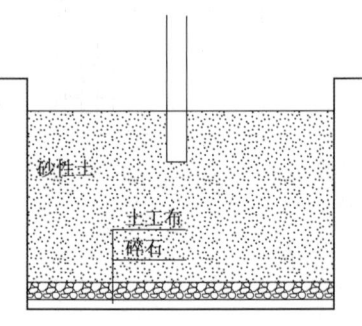

图4-15 试验用模型槽示意图

试验共设置了3根桩，1号桩位置设有冲刷保护装置，2号桩为正常情况下无防护装置的桩，3号桩为模拟冲坑条件的桩。在实验过程中，为保证两桩之间不受挤土效应的影响，设置加载方向为沿着模型槽的短边方向，桩身距离短边方向4D；距离长边方向（即加载方向）为5D，如图4-16所示。

打桩采用定制反力架和人工控制千斤顶的静压沉桩法，如图4-17所示。加载架等加载设备为该试验定制，由钢架和定滑轮组成，如图4-18所示。

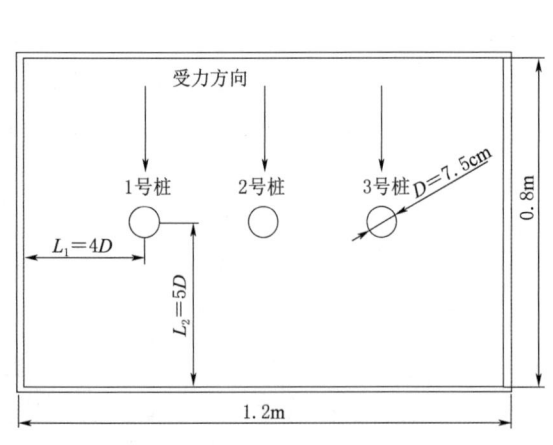

图4-16 试验用模型槽示意图[29]

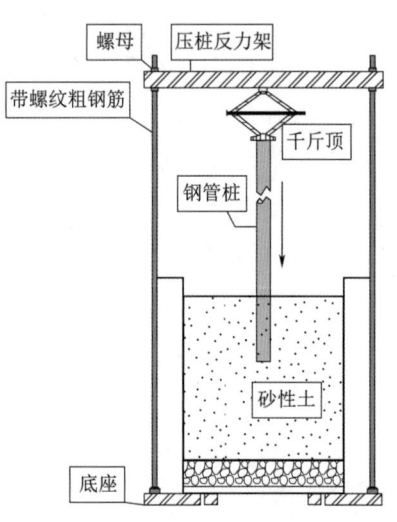

图4-17 千斤顶压桩示意图[29]

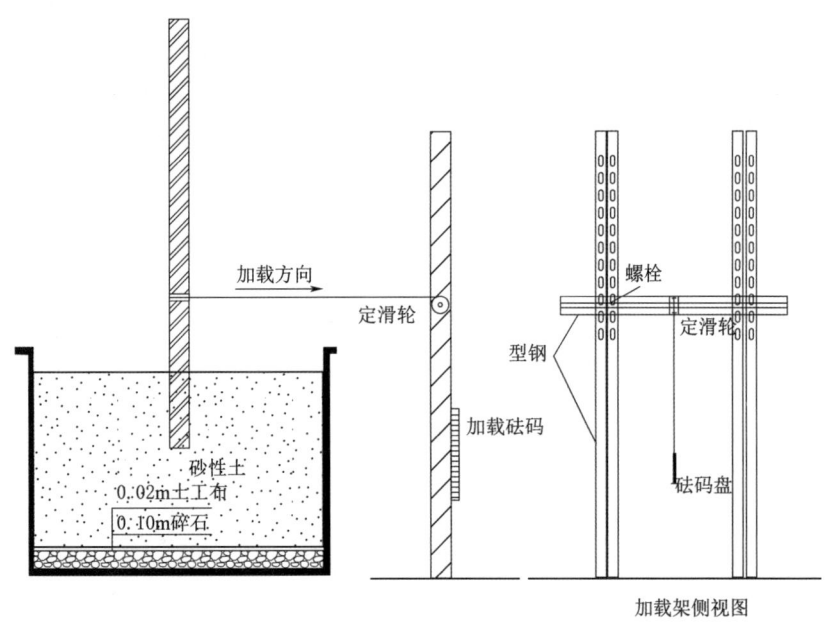

图 4-18 千斤顶压桩示意图[29]

具体的试验内容如下：

（1）在水平静荷载条件下，单桩基础的极限承载力取泥面处桩身位移达到 $0.1D$ 时对应的荷载。试验采用控制力的方法，通过逐步添加砝码来增加桩的水平荷载，每次加载 5N。

（2）水平静荷载加载试验的作用力通过加在砝码盘上的砝码，并使用定滑轮改变方向后获得。通过静态、动态分析系统，依次记录泥面处位移与加载点处位移、泥面上、中、下三点的应变。以无量纲参数 S/D 表示埋置深度，将砂土密度与埋置深度以及有无冲刷保护作为试验变量进行探究。

（3）在测试桩的第一自振频率时，将加速度传感器放置于桩顶，并将传感器接入分析系统，利用 HADAS 软件采用频域分析方法对桩进行分析。依次对 3 根桩进行数据采集，共采集 9 种工况下的第一自振频率。

第 5 章 结构防腐

海上风电机组的设施及结构长期处于高温、高湿、高盐雾、高紫外线等"四高"的严苛海洋环境中，并受到不同季节高温、大风等因素的影响导致对海上风电机组的钢结构、机械部件、电气元件、混凝土基础结构的内外表面以及风轮叶片的外表面造成严重的腐蚀，进而影响风电设备的工作效率和使用寿命。除腐蚀问题外，物理性的撞击，如浮冰块、船舶靠泊以及其他漂浮物的撞击等；海洋生物的影响，包括鱼类、贝类、植物类等海洋动物，均会对海上风机基础结构产生影响。本章将针对海上风电的腐蚀情况以及腐蚀防护方案等内容进行介绍。

5.1 海上风电腐蚀概述

在海上风电的开发过程中，必然会遭遇一系列与陆上风电截然不同的技术难题，其中海洋气候造成的结构腐蚀是二者差异最大的问题之一。依据 ISO 12944-2 标准，海上风电机组的外露结构腐蚀等级为 C5-M，内部结构腐蚀等级为 C3/C4，海上风电场的基础结构，如单桩、导管架、重力式、承台式、多桩和浮式等结构，其腐蚀等级为 Im2。

海上风电的支撑基础结构主要由钢结构或钢筋混凝土构成，钢或钢筋混凝土结构易受海水腐蚀影响，是海洋防腐蚀工作的重点。海面以上的机组结构主要受到盐雾、海洋大气和浪花飞溅的腐蚀影响，容易发生均匀腐蚀、点蚀、缝隙腐蚀、冲击腐蚀、电偶腐蚀和应力腐蚀等腐蚀，如图 5-1 所示。根据海上风机各部分组件所处环境不同，腐蚀可划分为海洋大气区、海水潮差区、浪花飞溅区、海水全浸区以及海底泥土区五个区域，其中浪花飞溅区由于受到浪花冲击的物理作用，腐蚀情况尤为严重。在

图 5-1（一） 海上风电机组发生的各类腐蚀

第5章 结构防腐

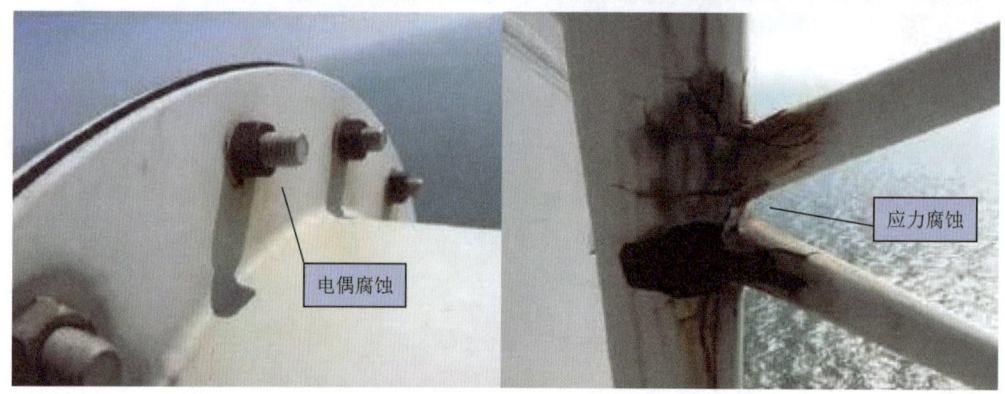

图 5-1（二） 海上风电机组发生的各类腐蚀

实际工程中，一旦主要结构件存在腐蚀隐患，将会给海上风电设备带来灾难性的安全事故，如图 5-2 所示。

图 5-2 海上风电设备腐蚀破坏的安全事故[31]

目前，海上风电结构在防腐蚀方面主要采取以下措施：

（1）针对不同区域和部件，采用不同的防腐蚀涂装方案。

（2）采用钢筋阻锈剂对钢筋混凝土基础结构进行保护。

（3）通过联合应用阴极保护和防腐蚀涂装技术，对钢管桩防腐保护通过，以实现双重防护的效果。

（4）风机轮轴的工作面采用防锈油进行腐蚀防护，而非工作面则运用专门的涂层体系进行保护。

（5）电气元件主要采用空气过滤并微增压方法保护。

5.2　海上风电钢结构腐蚀保护

5.2.1　海上风电钢结构腐蚀分析

海上风电钢结构腐蚀与海洋环境密切相关，因海洋环境的不同，海上风电不同部位钢结构呈现出不同腐蚀特性。

（1）相较于内陆大气区，海洋大气区的湿度更大，盐分更高，容易在钢铁表面形成一层导电性良好的液态电介质膜。此外，钢铁结构中的少量碳原子会构成原电池，从而引发电化学腐蚀。研究表明，海洋大气环境对钢结构的腐蚀程度是内陆的4～5倍。

（2）浪花飞溅区时指平均高潮位以上、海水飞溅所能湿润的区域，该区域除受到海洋大气环境的影响外，还会遭受海水短时间的浸泡。频繁的干湿交替使得此处的钢结构腐蚀速度明显高于其他区域。高潮位线以上的浪花飞溅区是腐蚀最为严重的区域，主要原因是该区域的含盐量充足，含氧量最高，且氧元素的去极化作用会加速钢结构的腐蚀。此外，强烈的浪花冲击会破坏钢结构表面的保护膜，导致严重的局部腐蚀。

（3）海水潮差区是指平均高潮位与平均低潮位之间的区段，在这一区段，钢铁表面与含氧充分的海水周期性接触，从而引发腐蚀。与飞溅区相比，潮差区的氧扩散速度较慢，且没有强烈的海水冲击。但由于潮流的作用，钢铁表面的腐蚀依然会加剧。潮差区钢结构较为严重的腐蚀主要发生在平均高潮位和平均低潮位，这是因为形成了氧浓差电池，导致腐蚀加速。

（4）海水全浸区指平均低潮线以下的位置，在这一区段，钢结构全部浸入海水中，海水中的溶解氧、pH值、海水流速、盐度、污染物和海洋生物等因素，会对海水中的钢铁产生腐蚀。由于钢铁的腐蚀反应受氧的还原反应控制，所以溶解氧和温度对钢构件的腐蚀起着主导作用。一般而言，浅海区的海水氧含量和温度较高，腐蚀程度比深海区严重。深海区的含氧量较小，温度接近0℃，腐蚀程度减弱。

（5）海底泥土区的含盐量高，电导率低，含氧量低，同时兼具土壤腐蚀和海水腐蚀的特点。在该区域，金属钝化膜的稳定性较差，尤其是在无氧环境下，硫酸盐还原菌会大量繁殖，其产生的氢化酶能够移除阴极区的氢原子，进而促进腐蚀过程中的阴极极化反应，导致泥土中的钢铁遭受严重腐蚀。此外，在全浸区和海泥区之间，由于氧浓度不同会形成浓差电池，泥线以下相对缺氧而成为阳极，从而加重腐蚀。

海上风电（单桩式）各部件的腐蚀环境如图 5-3 所示。风机叶片、机舱和塔筒主要受到海洋大气环境的影响，而单桩则处于更为复杂的腐蚀环境中，包括大气区、浪溅区、潮差区、海水全浸区以及海泥区。因此，单桩成为海上风电腐蚀防护中最为重要且复杂的部位。针对单桩的腐蚀防护方法主要包括涂层、镀层、腐蚀余量设计以及阴极保护等。

图 5-3 海上风电（单桩式）各部件的腐蚀环境

5.2.2 海上风电钢结构腐蚀保护方法

海上风电钢结构的腐蚀防护涵盖阴极保护、表面处理以及涂镀层等方法。对于封闭的内部隔间而言，通过控制湿度或耗氧能够有效地减轻腐蚀。此外，在运行过程中，防腐系统检查和维护也至关重要。当不同电化学特性的金属材料相互接触时，电偶腐蚀便成为一个需要予以关注的问题，其缓解措施主要包括电气绝缘和阴极保护。

5.2.2.1 牺牲阳极阴极保护

阴极保护是防止海水全浸区钢结构腐蚀的有效手段，常与涂层保护协同运用。该方法通过将被保护金属阴极极化至热力学稳定区，从而显著降低或阻止金属的腐蚀。在海水环境中，阴极保护电流会在阴极区域产生氢氧根离子，进而使海水中的碳酸钙和氢氧化镁过饱和，形成致密的石灰质覆盖层于金属表面，从而大幅减少所需施加的保护电流。在实际操作中，为加速极化过程，通常会在初始阶段施加比常规阴极极化更大的电流密度。

保护电位是指在阴极保护时使金属停止腐蚀所需的电位值。为使腐蚀完全停止，必须使被保护的金属电位极化到阳极"平衡"电位。对于钢结构而言，这一电位是铁在给定电解质溶液中的平衡电位。保护电位的值有一定的范围，例如铁在海水中的保护电位在−0.80～−0.90V（参比电极 Ag/AgCl）之间，当电位高于−0.80V时，铁无法得到完全的保护，所以该值又被称为最小保护电位。然而，当电位低于−1.0V时，阳极上可能发生析氢反应，会损坏阳极表面的涂层并可能导致氢脆现象，从而导致保护电流密度增大而造成浪费。因此，还需要确定最大保护电位，即析氢电位，保护电位值通常作为评估阴极保护效果的重要依据。通过测量被保护结构各部位的电位值，可了解保护情况。表5-1列出了部分金属在海水中的推荐保护电位值，可为实际应用提供参考。

表 5-1 一些金属在海水中的保护电位

金属或合金		参比电极			
		Cu/CuSO₄	Ag/AgCl/海水	Ag/AgCl/饱和 KCl	锌/（洁净）海水
铁及钢	通气环境	−0.85	−0.80	−0.75	0.25
	不通气环境	−0.95	−0.90	−0.85	0.15
铅		−0.60	−0.55	−0.50	0.50
铜基合金		−0.05～−0.65	−0.45～−0.60	−0.40～−0.55	0.60～0.45
铅	上限	−0.95	−0.90	−0.85	−0.15
	下限	−1.20	−1.15	−1.10	−0.10

1. 牺牲阳极保护（GACP）

牺牲阳极保护法是一种有效的金属防腐方法。该方法选用电位较低的金属材料，在电解液中与被保护的金属相连接，依靠牺牲阳极自身腐蚀产生的电流来保护其他金属，因此被称为"牺牲阳极"。常用的牺牲阳极材料包括铝及其合金、锌及其合金、镁及其合金等。图5-4展示了海上风电升压站导管架基础使用牺牲阳极的水下实际应用场景。

图 5-4 升压站基础牺牲阳极

在实施牺牲阳极保护时,应使用成分符合相关阴极保护设计标准或业主指定规格的铝或锌基材料。除非业主有特别规定或接受其他方案,否则阴极保护系统的设计寿命应不少于被保护建筑物的设计寿命,其中包括从安装到投入运行的时间以及预期的整个运行周期。此外,为确保结构内、外保护效果的一致性,内、外部阳极应具有相同或相似的尺寸,无论是外部阳极还是内部阳极。

阳极使用寿命的验算公式为:

$$Y = \frac{W\mu}{BI} \quad (5-1)$$

式中 Y——阳极的有效寿命,a;

W——阳极的重量,kg;

μ——阳极利用率;

B——阳极消耗量,$kgA^{-1}a^{-1}$;

I——阳极的保护电流,A。

根据海上风电行业阴极保护设计标准,合理布置阳极块,避免相互干扰,从而降低其电流输出。如果有理由假设阳极之间存在显著相互作用,则应通过计算机模型进行分析,以确定阳极电流输出的降低系数。降低系数应作为阳极电流输出的系数应用,该系数由相应的阳极电阻公式计算得出。

阳极设计和安装的关系应满足下式:

$$I = \sum_{a=1}^{n} I_a = \sum_{a=1}^{n} (i_c \times S_c)_a \quad (5-2)$$

式中 I——所需总的保护电流,A;

I_a——每个阳极的保护电流，A；

n——阳极个数；

i_c——每个阳极所负担的被保护面积 S_c 上的平均保护电流密度，A/m²。

由于每个阳极的输出电流与阳极的形状和尺寸有关，因此可以通过每个阳极的输出电流与所需总电流量的比较来验算阳极数量。按欧姆定律计算阳极输出电流 I_a 的公式为：

$$I_a = \Delta E / R \quad (5-3)$$

式中 ΔE——阳极驱动电压，V；

R——回路总电阻，Ω。

根据计算得出结构不同区域所需的阳极数量，阳极分布应考虑以下方面：

（1）阳极的布置应充分考虑到制造、安装及操作的实际情况。在合理且可行的范围内，阳极应实现均匀分布。对于保护导体管而言，其阳极应在导体导引架的不同紧邻位置均匀分布。特别地，位于飞溅区的阳极应设置在浸没区的上层。

（2）阳极应优先布置在结构复杂和关键部位（如节点区域）附近，但距离节点的最小间距应保持在 600mm 以上。在桩腿部位，阳极应朝向结构的中心。若对角线上需设置多个阳极，则应在上、下表面交替放置。对于不同水平高度的支撑结构，阳极应交替进行上下安装，其中最上层的阳极应统一向下安装。

（3）在单桩结构设计时，必须充分考虑阳极簇可能产生的干扰效应，并尽可能将其影响最小化。为改善电流分布的均匀性，可采用更多数量的阳极。

（4）所有阳极的位置都应确保在最低天文潮位以下至少 1.0m、海床上方至少 1.0m 的范围内，并充分考虑海床高度因沙丘迁移等因素可能发生的变化。在潮流带面积较大的区域，阴极保护设计在计算初始电流需求时，应考虑到最高天文潮位时的表面面积。阳极与结构的连接方式应符合近海工程固定钢结构的阴极保护（EN12495）和阴极保护设计（DNVRP B401）标准的要求。

2. 外加电流阴极保护（ICCP）

外加电流阴极保护法（ICCP）是通过外加直流电源来提供所需的保护电流，将被保护的金属作为阴极，选用特定材料作为辅助阳极，从而使被保护金属结构得到保护。在外加电流阴极保护系统中，参比电极被用于测量被保护体的电位，并向控制系统传递信号，以调节保护电流的大小，使结构的电位处于给定范围内。

除了适当的阴极保护电位和电流分布外，系统的详细设计还应着重考虑设备的长期机械完整性，包括外加电流阳极、参比电极、电缆和连接器等，并适当考虑波浪力和海流等环境参数。外加电流阴极保护的设计步骤如下：

（1）了解被阳极保护部分的基本参数和相关图纸资料，如材质、表面状况（涂层）、尺寸、水下面积、结构电连接等。

(2) 了解所在海区的环境条件及海水状况，包括含氧量、湿度、盐度、潮汐、电阻率和流速等，选择合适的电流密度。

(3) 根据各部分（或不同材质）所要保护的面积和保护电流密度，计算总的保护电流量。

(4) 根据被保护物的结构尺寸、保护年限和所需的总保护电流，选用适当的电源设备、辅助阳极材料、结构、尺寸和数量，以及参比电极的类型、结构和数量。

(5) 根据被保护物的结构情况和辅助阳极的保护范围，确定辅助阳极和参比电极的布置。

(6) 如果要涂刷阳极屏蔽层，可根据海水电阻率与辅助阳极的最大排流量，结合实际需求，选用一定的屏蔽层材料，并计算出阳极屏的尺寸。

外加电流阴极保护设计应证明，电流源和阳极足以实现并保持对结构所有水下部分的阴极保护，包括流向沉积物掩埋区的电流。设计的目的应是在外加电流阴极保护系统投入使用后的 30d 内，对结构进行充分的保护。在实现这一目标的过程中，必须确保钢表面的负电势不超过 -1.10V（以参比电极 Ag/AgCl/海水为准），以防止油漆涂层损坏和氢引起的钢结构损伤。通过阴极保护建模研究，利用阴极电流密度与保护电位之间的经验时变关系，可确定适宜的电位分布。此外，阴极保护建模还应进一步确定固定参考电极的数量和位置，以确保结构得到充分保护。

外加电流阳极应尽量远离任何结构部件，通常最小距离为 1.5m，但具体距离应与电流大小成正比。介电屏蔽用于避免靠近外加电流阴极保护阳极的过保护，并促进足够的电流分布。根据计算机建立阴极保护模型，在阳极附近，预制的聚合物表通常应用相对较厚的一层特殊涂漆作为外护盾，扩展到过度保护的范围，即保护电位低于 -1.15V（参比电极 Ag/AgCl/海水）。随后，通过对聚合物薄膜最内层护罩边缘（根据阴极保护模型确定）可能承受的最大负电位处的阴极脱黏电阻进行测试，验证所选涂层的适用性。在结构安装完成后，如果未采用其他防腐措施，应尽快启用外加电流阴极保护系统对结构进行保护。在安装外加电流阴极保护系统的 30~365d 后，对阴极保护效果进行详细的调研测试，以确认外加电流阴极保护对结构保护的有效性。

在对海上风电场进行阴极保护测量时，对采用相同阴极保护系统的海上风电结构，对少数具有代表性的结构进行阴极保护测量即可。但需检查所有风电机组的整流参数，如发现不一致，则需要进行电位测量。在确定测试典型结构的数量时，建议每 20 个风电机组中选取 1 个典型结构进行测量，并根据海上风电场实际情况进行调整，以确保调查具有必要的代表性。在实际工程中，综合考虑的因素包括结构之间变化的所有电势源、风电场结构之间的相对位置和距离以及环境条件的差异等因素。在阴极保护测量过程中，ROV 需将基准电极定位在离外加电流阴极保护阳极适当的位置。

此外，在接近外加电流阴极保护阳极时，潜水员受安全隐患较大，危险性较大。为减少相关风险，在阳极上的外加电流阴极保护设计（例如使用保护帽或套管）中应包括缓解措施。

牺牲阳极阴极保护（GACP）在海上结构的阴极保护中已获得广泛认同，通常会优先应用于此类结构。尽管外加电流阴极保护法（ICCP）在某些情形下可能为海上结构带来优势，但目前仍缺乏公认的设计标准，难以对电阳极系统提供详尽的要求和建议。此外，即便设计合理，外加电流阴极保护系统相较于牺牲阳极保护法，更容易受到环境破坏和第三方干扰的影响，尤其是阳极和参比电极的电缆部分，其脆弱性更为突出。

5.2.2.2 表面处理与涂镀层

表面处理与涂镀层技术从金属材料与腐蚀介质的界面入手，以实现防腐蚀的目标，主要涵盖金属表面处理、金属涂镀层以及非金属涂层等方面。在海洋大气区，塔筒等钢结构的防腐蚀主要依赖涂料防护；而处于浪花飞溅区或海水潮差区，塔筒钢结构面临更为严峻的腐蚀环境，需要采用更为综合的防腐蚀技术，例如采用预留腐蚀余量、热喷涂金属保护与涂层保护等相结合的方法。

一、表面处理

金属表面处理主要包括铝及铝合金的氧化、钢铁的氧化和磷化及不锈钢的钝化等三个部分。金属表面处理通常不单独作为腐蚀防护措施使用，而是作为金属涂镀层或非金属涂层的底层方式。

二、镀层技术

镀层防腐技术是指在钢铁材料表面运用镀层技术覆盖一层耐腐蚀金属薄层。最常见的镀层技术包括电镀、热浸镀、热喷涂、真空镀、物理和化学气相沉积等。

（一）电镀

电镀是在导电的制件表面，通过外电流的作用，在电解质溶液中形成与基体牢固结合的镀覆层技术。根据材质的不同，主要有电镀铜、电镀镍及镍合金、电镀铬、电镀锌及锌合金等。在进行电镀之前，需要进行除锈、抛光、水洗、除油、活化等一系列预处理步骤，以确保镀层的质量和附着力。

1. 镀铜

镀铜由于铜镀层的化学稳定性较差，除了特殊的外观和热处理要求之外，一般不单独作为防护装饰镀层使用，而常常作为其他镀层的中间镀层或底层，以提高表面镀层与基体金属的结合力。

2. 镀镍及镍合金

镀镍的应用范围广泛，大致可分为防护装饰性和功能性两个方面。镀镍溶液的种类繁多，有电镀暗镍、半光亮镍与光亮镍，以及特殊要求的镀镍三大类。半光亮镀镍与光亮镀镍主要用于防护装饰性镀镍,通常为双镍层或三镍层,以获得较高的抗蚀性。

镀镍磷合金,镍磷合金是一种非晶态合金,它不存在晶界、位错等基体缺陷,因此不会产生晶间腐蚀现象,耐点蚀性能也优于晶态合金。此外,它对能导致应力腐蚀开裂的滑移平面的选择性腐蚀不敏感,不会发生应力腐蚀开裂。

3. 镀铬

镀铬按其用途主要分为防护装饰性镀铬和耐磨性镀铬两类,前者用于防止基体金属锈蚀和美化产品外观,后者则用于提高机械零件的硬度、耐磨、耐蚀和耐温性能。钢铁零件一般防护性镀铬的主要工艺流程有两种:

(1) 铜-镍-铬。工艺流程如下:化学除油→水洗→阳极电解除油→水洗→闪镀氰化铜→水洗→光亮镀铜→水洗→光亮镀镍→水洗→镀铬→水洗→干燥水洗→周期换向氰化镀铜→水洗→光亮镀镍→水洗→镀铬→水洗→干燥。

(2) 多层镍-铬。工艺流程如下:化学除油→水洗→阳极电解→除油水洗→阴极电解除油→水洗→半光亮镀镍→回收槽中清洗→光亮镀镍→水洗→镀铬→水洗→干燥回收槽中清洗→亮硫镍→光亮镀镍→水洗→镀铬→水洗→干燥。

4. 镀锌及锌合金

(1) 镀锌。镀锌钝化后会形成致密的钝化膜和锌镀层表面生成的碱式碳酸锌薄膜,能够保护底层金属不再遭受腐蚀。锌镀层钝化后,通常根据所用钝化液的不同而得到不同色彩的钝化膜或白色钝化膜。彩虹色钝化膜的抗蚀性比无色钝化膜高出五倍以上。

(2) 镀锌合金。锌基合金具有优良的耐蚀性能,通过电镀的方法可以得到锌与其他许多金属的二元合金或三元合金,例如锌-铁、锌-钴、锌-镍、锌-铬、锌-钛、锌-锰、锌-铝、锌-镍-钴、锌-镍-钛、锌-钴-钼、锌-钴-铬和锌-钛-铁等。多数锌合金的防腐蚀性能比锌更好,能够有效降低镀层的使用厚度。

(二) 热浸镀

热浸镀是将金属制件浸入熔融的金属中,使其表面形成与基体牢固结合的金属镀覆层。由于镀层金属的熔点需远低于基体材料,所以通常仅限于采用低熔点金属及其合金,如锡、铅、锌、铝及其合金等。钢是最为广泛的基体材料,有时也会用铸铁或铜作为基体。

热浸镀锌的过程如下:

(1) 钢铁基体进入锌液后,表面会凝结一层锌壳。

(2) 当钢铁基体的温度上升到锌的熔点时,钢铁表面的锌壳会完全熔化,锌液会浸润钢铁表面,并与基体表层进行扩散和界面反应,从而形成锌铁合金。

(3) 在锌铁合金层表面会形成纯锌层,最后经过冷却,形成结晶纯锌层。

热浸镀层对钢铁制件的防腐蚀作用分为两种情况。在镀层未被破坏的情况下,它与其他隔离性防护层一样,能够起到隔离作用。当镀层发生损坏并露出铁基体时,镀层与铁会形成原电池,锌作为阳极会被溶解,从而使钢铁基体受到保护。在规定的最小厚度为 $50\mu m$,且符合 ISO 1461 的情况下,可假设飞溅到外部的锌涂层在飞溅区的使用寿命至少为 5 年,而在外部大气区至少为 10 年。镀层的厚度越大,其预期寿命也会相应延长,详细信息可参见 EN ISO 14713-1:2009 表 2。对于暴露在大气和飞溅区外部的紧固件,其聚合物涂层应包含一层电解锌内层,并在涂层前对表面进行充分的准备工作。

(三) 热喷涂

热喷涂是将熔融状态的金属雾化,并连续喷射在制件表面上,形成与基体牢固结合的金属覆盖层的过程。

热喷涂锌的工艺流程如下:工件→表面预处理→热喷涂→封闭处理→成品。经喷砂后的工件应尽快进行热喷涂,一般不超过 2h,要求喷枪移动均匀,一次喷涂的涂层不宜太厚。由于喷涂层存在一定孔隙,为提高防腐蚀效果,需进行封闭处理。第一层封闭涂料的黏度应稍低,尽可能渗透到喷涂层的孔隙中,与喷涂层牢固结合且不发生任何反应。

三、涂层

涂料以流动状态在物体表面形成薄层,待干燥固化后附着于固体表面,形成连续覆盖的膜层物质。涂层具有保护、装饰和功能性作用。涂层是海洋工程的重要的防腐蚀方式,通常防腐蚀涂料由底漆和面漆组成,保护作用主要依靠底漆,也称防锈底漆,而面漆的作用以功能性(防污、抗老化、防霉)和装饰性(美观、光洁)为主。有时会采用中间漆来补充底漆的防锈作用,并对底漆和面漆起到"过渡连接"的作用。涂层表面预处理主要包括除锈、脱漆、除油、磷化和氧化处理等,涂层的保护作用原理如下:

(1) 物理屏蔽作用。通过使环境中的水分、氧气、氯离子、二氧化硫等各种腐蚀剂与金属表面隔离,从而达到防腐蚀的目的。

(2) 阴极保护作用。即牺牲阳极作用,典型的例子是富锌涂料中加入大量锌粉,富铝涂料中加入大量铝粉。一旦有腐蚀介质侵入,锌粉或铝粉就会成为牺牲阳极。利用锌或铝的电化学作用保护基体金属。

(3) 钝化、缓蚀作用。某些颜料,如铬酸盐、磷酸盐、钼酸盐和红丹等,本身对金属具有钝化、化学转化和缓蚀作用。

(4) 抗老化作用。在涂料中加入防老剂,可以防止紫外线对涂料的破坏作用,改善其抗老化性或耐蚀性。

在海洋大气环境中的防腐涂料有氯化橡胶涂料、乙烯型涂料、聚氨酯涂料和氯磺化聚乙烯涂料等。重防腐蚀涂料以厚膜、长效和适用于严酷腐蚀环境为特征。通常此类涂料中固体成分含量较高，一次成膜厚度可达 $60\mu m$ 以上，最厚可达 $500\mu m$。近年来应用较多的重防腐蚀涂料品种有富锌涂料、环氧沥青涂料、玻璃鳞片涂料以及聚氨酯厚浆涂料和环氧砂浆等。

按照黏结剂类型，富锌底漆可分为无机和有机两类。无机富锌底漆包括硅酸盐型和硅酸酯型两种。有机富锌底漆的黏结剂有环氧树脂、氯化橡胶以及丁苯橡胶、聚氨酯等耐碱性树脂，其中聚氨酯常用于海洋环境中。氯化橡胶涂料是现代一种重要的重防腐蚀涂料，既可配制成一般涂料，又可配制成厚膜涂料，除了耐海水腐蚀外，还具有优异的耐候性，对基体的表面处理要求较低。环氧煤焦沥青漆是由环氧树脂和煤焦沥青两部分配合而成的双组分涂料，这类涂料可以制成厚浆涂料，无论是刷涂还是无气喷涂，一次成膜厚度可以达到 $1.25\mu m$ 以上，具有良好的耐水性，其耐油性、耐热性和耐候性比沥青涂料大大提高。近年来，玻璃鳞片（大小为 $3\sim5\mu m$）作为一种新型防腐蚀涂料填料受到了广泛关注。在玻璃鳞片中加入不同的成膜物质，可以制得一系列性能各异的玻璃鳞片涂料。

涂层的使用条件为钢表面温度应在露点以上至少3℃，相对湿度应小于85%，以防止表面水分凝结。涂装系统的应用应由具备相关资质的人员进行监督，例如经过FROSIO、NACE、DIN等机构认证的油漆检查员或具有同等资格人员。涂层一般不适用于需要频繁检查疲劳裂纹的水下结构部件，如夹套结构的关键焊接节点等。

涂层破坏系数是与裸钢相比，由于电绝缘涂层的应用降低阴极电流密度的预期值。如果涂层击穿系数为零，则表明涂层为100%电绝缘，可将阴极电流密度降至零。涂层击穿系数为1则表示涂层没有电流还原性能。由于阴极保护与涂层之间可能存在相互作用，所有与阴极保护结合使用的涂层都应事先进行测试，以确定其具有足够的抗阴极脱黏能力。阴极保护表面产生碱，这可能导致涂层阴极脱黏，从而形成涂层缺陷。传统的油性树脂或醇酸型涂料容易受到碱性侵蚀，易发生皂化反应，因此不建议用于阴极保护。聚乙烯醇缩丁醛车间底漆的使用与阴极保护相结合也会造成附着力损失。

四、海洋新型包覆防腐技术（PTC）

目前，针对海上钢管桩提出了一种新型的包覆防腐技术——PTC系列复层矿脂包覆防腐技术，其结构由紧密相连的矿脂防蚀膏、矿脂防蚀带、密封缓冲层和防蚀保护罩四层保护层组成，图5-5展示了PTC防腐系统的示意图。矿脂防蚀膏和矿脂防蚀带是PTC技术的核心部分，含有优良的缓蚀成分，能够有效阻止腐蚀介质对钢铁表面的侵蚀；密封缓冲层和防蚀保护罩具有优异的耐冲击性能，不仅能隔绝海水，还能抵御海水泥沙的冲刷和船舶的冲撞。PTC主要具有以下特点：

（1）防护效果优异，适用于任何形状结构。

(2) 基材表面处理要求低，无需喷砂，无需动火。

(3) 施工方便，无需固化。

(4) 可带水作业。

(5) 具有良好的密闭性和抗冲击性能。

(6) 质量轻，无附加载重。

(7) 绿色环保。

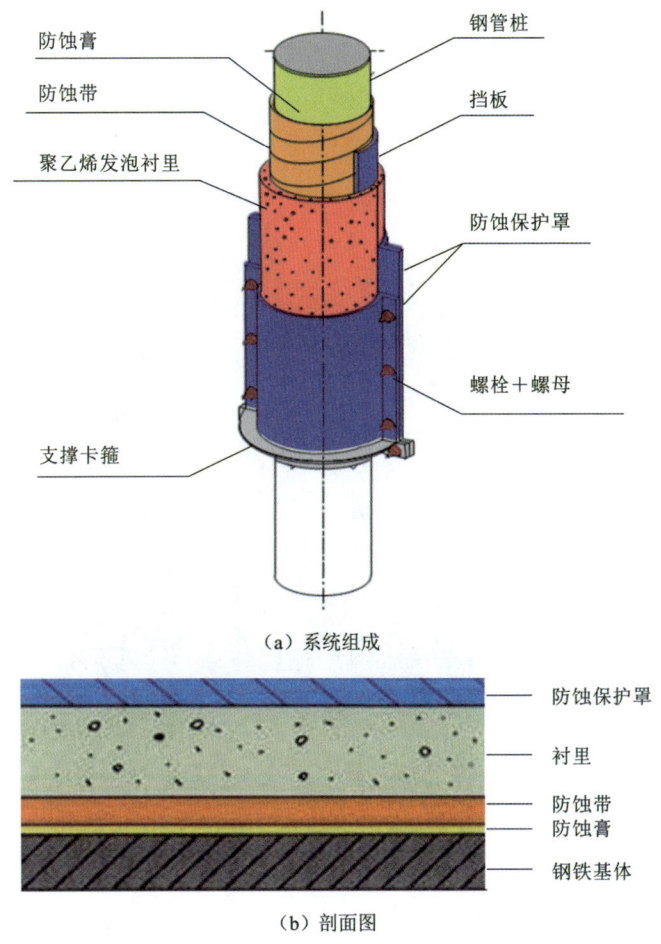

图 5-5 新型包覆防腐技术系统

PTC 技术的具体施工步骤如下：

(1) 对钢结构进行表面处理。为确保矿脂防蚀膏能与钢铁表面达到最佳的结合效果，需进行抛丸除锈和去除表面水汽等处理。

(2) 涂抹矿脂防蚀膏。矿脂膏不含溶剂和有毒物质，可直接用手套、刷子或辊子进行涂抹，重复涂抹 5~10 次，直至矿脂防蚀膏在钢结构表面均匀分布。用量约为 $300 \sim 500 g/m^2$。

（3）缠绕防蚀带。涂完矿脂防蚀膏后应立即缠绕防蚀带，防蚀带应由钢结构底部向上螺旋状包裹至顶部，并在顶部完整缠绕 1 圈。缠绕时应时刻紧压，使空气排出，并且保持 50％的防蚀带重叠。

（4）安装保护罩。保护罩由底部向上安装，通过螺栓拼接，对接缝处安装挡板，并涂上防蚀膏。

（5）端部处理。在防护罩下端部安装支撑卡箍，以防止外壳下滑；在其接缝处和上端部使用水中固化型环氧树脂进行密封。

图 5-6 展示了海上风机基础不同部位的防腐蚀区及其保护设置。水面以上部分直接涂敷专用防腐涂料，潮差区和浪溅区则使用 PTC，水下直接设置牺牲阳极实施电化学防护。

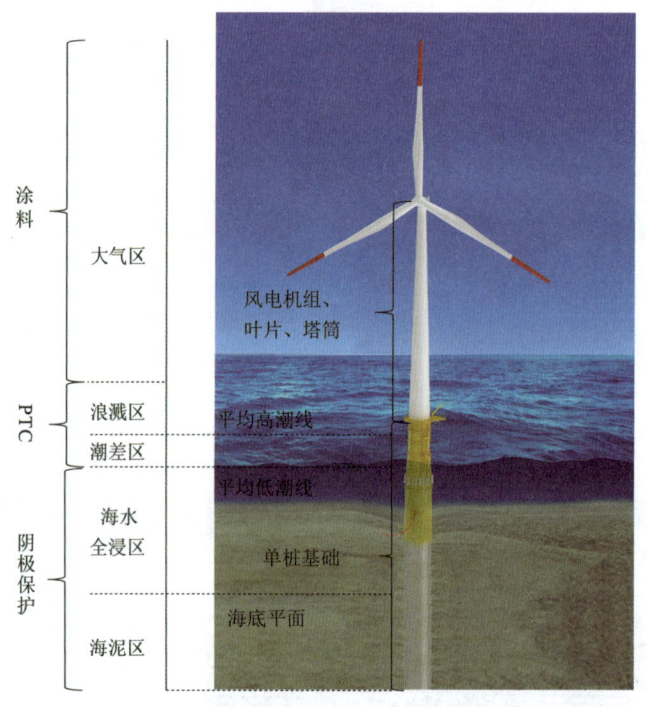

图 5-6　海上风电场钢制结构腐蚀区的分布、腐蚀速率和腐蚀保护

5.3　海上风电钢筋混凝土结构腐蚀保护

在海洋建筑领域，钢筋混凝土是一种常用的建筑材料，它具有成本低、强度高且具备一定耐蚀性等优点，因此至今在海上风电领域仍得到广泛应用。混凝土中含有碱性氢氧化钙，对钢筋具有钝化作用或碱性保护功效。此外，混凝土层厚度较大，能对

海水和氧气等腐蚀剂起到良好的屏蔽作用,所以混凝土被视作钢筋的天然保护材料。然而,在海洋环境中,混凝土结构的耐久性相比内陆要差很多。一般来说,海水中的混凝土结构会受到以下各种物理和化学因素的影响发生腐蚀:

(1) 海水的化学作用。

(2) 钢筋所遭受的腐蚀作用。

(3) 反复的干燥和湿润交替作用。

(4) 波浪和沙粒的冲蚀磨损作用。

(5) 在寒冷的海域,海水反复冻结(反复膨胀)和融化的作用。

(6) 海生物的生化腐蚀作用。

5.3.1 海上风电钢筋混凝土结构腐蚀分析

1. 海水的化学腐蚀

海水中含有的各种盐类能够电离为各类离子,其中许多离子可能成为混凝土的腐蚀剂,诸如硫酸根离子 SO_4^{2-}、镁离子 Mg^{2+} 和氯离子 Cl^- 等,它们的破坏性最为显著。在混凝土中,水泥与水结合时会生成大量的固体氢氧化钙,而海水中的镁离子能够使这种氢氧化钙溶解,进而析出氢氧化镁,从而破坏混凝土的组织结构。海水中的氯离子对水泥有两个作用:其一,它与氢氧化钙反应,生成可溶的氯化钙;其二,生成富氏盐($3CaO \cdot Al_2O_3 \cdot CaCl_2 \cdot 10H_2O$),富氏盐的形成对混凝土的危害相对较小,但是氢氧化钙的溶解会导致混凝土的强度降低。硫酸根离子和镁离子起初仅对混凝土的表面产生作用,但当表面受到物理作用(如有反复干湿、反复冻融以及波浪作用等)时,这些作用会逐渐深入内部。此外,氯离子能够直接侵入到水泥混凝土的内部,使得混凝土中氢氧化钙的含量逐渐减少。

2. 海水对钢筋的腐蚀作用

在混凝土的水合反应中,所生成的氢氧化钙有很大的碱性,有利于内部钢筋的防蚀。然而,在海洋环境下,钢筋混凝土经过一定时间后,碱性会降低,逐渐变为中性,此时会受到来自海水中具有极强穿透能力的氯离子的影响。氯离子透过混凝土的毛细孔到达钢筋表面,当钢筋周围混凝土液相中氯离子的含量达到临界值时,会破坏钢筋的钝化膜,当具备钢筋腐蚀所需的水、氧等必要条件,就可能导致严重的钢筋腐蚀[37]。钢筋被腐蚀后会降低混凝土结构的性能,使其性能劣化,如损伤钢筋断面、引发钢筋应力腐蚀等,而且钢筋的生锈会引起体积膨胀,导致表层的混凝土开裂或剥落,从而失去对钢筋的保护作用。

在海洋环境中,钢筋混凝土结构有直接暴露环境和间接暴露环境两种情况,其中前者是指部分或全部浸泡在海水中,间接暴露主要是指海上风机基础结构中的钢筋混凝土结构不与海水接触。当钢筋混凝土结构处于直接暴露环境且部分浸泡在海水中时，可根据腐蚀程度分为水下区、水位变化区、浪溅区和大气区。浪溅区的腐蚀最为严重，这是在高潮时，海浪溅湿的结构物，而在低潮时，结构物的水分会蒸发，使得混凝土表层孔隙液中的氯离子浓度增高，并持续扩散到混凝土内部，导致钢筋周围空隙中的液氯离子浓度增大，直至达到破坏钢筋钝化膜的临界浓度值[37]。水下全浸区的混凝土结构由于缺氧，很难出现阴极反应，因此腐蚀较轻。在间接暴露环境中，海面上的大气氯盐粒子及湿度是主要的腐蚀介质，增加混凝土的密实度和保护层厚度能有效阻止氯离子入侵并延迟腐蚀。在海洋环境中，不同结构部位的钢筋混凝土遭受侵蚀的情况如图5-7所示。

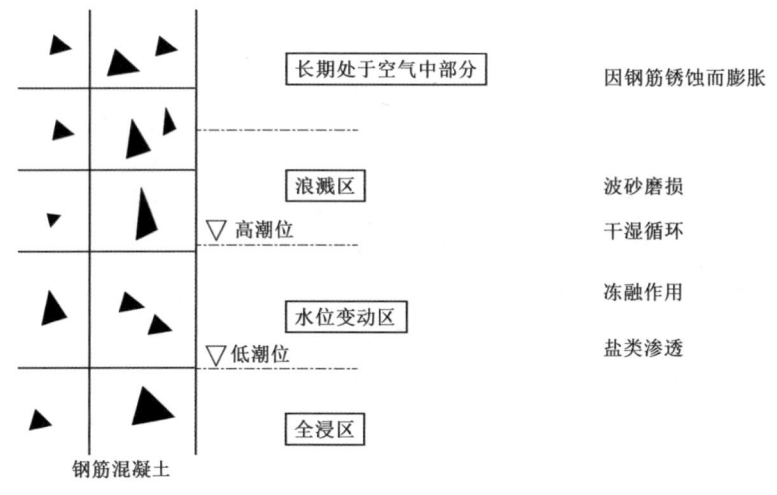

图5-7 不同结构部位的钢筋混凝土被侵蚀的情况

3. 水泥-砂-水配比对于裸钢筋和镀锌钢筋的腐蚀的影响

氯化物是导致钢筋混凝土腐蚀最严重的腐蚀剂，因为混凝土的碱性能够使钢材表面形成一层钝化层，而氯化物的渗入会使这层钝化层发生开裂。在相关标准中，对增强混凝土和预压混凝土中的氯离子浓度都有严格的限制。然而，在海洋环境中，氯离子仍然可能渗入混凝土的多孔网络结构中。对于镀锌的钢筋，在开始的两个月，其腐蚀速度并不比裸钢筋慢，但在海水中浸没两个月后，由于锌的阴极保护作用和锌及其腐蚀产物对氯离子抵抗作用，腐蚀速度会逐渐减小。因此，在海洋建筑中，用热浸镀锌的钢筋取代普通的裸钢筋，有助于延长钢筋混凝土建筑的寿命。

5.3.2 海上风电钢筋混凝土结构腐蚀保护

高质量混凝土和适当的保护层厚度能够有效提高结构的耐久性，但并不能确保长期的耐久性。为避免腐蚀破坏的出现，特别是在环境作用达到E、F等级的海洋重度腐蚀环境下，应当采取防腐蚀的附加措施。为增强钢筋混凝土的耐海水性能，可采取的改进措施如下：

1. 混凝土内部用钢筋成分的改良

为改良混凝土增强钢筋材料的抗应力腐蚀开裂特性，同时保持合金原有的强度，苏联研制出专门用作钢筋的低合金钢，其成分包含有碳 0.15%～0.25%、硅 1%～1.6%、锰 0.1%～0.6%、硼 0.001%～0.006%，余量为铁。耐盐性混凝土钢筋中含有碳 0.001%～1%、硅 0.055%～0.2%、锰 0.01%～1.2%、磷 0.005%～0.025%、硫 0.005%～0.003%、铝 0.001%～0.08%、镍 3%～5.5%、钙≤1%、稀土金属 0.002%～0.1%。如有必要，可添加铌、钒、钛和钼（总量为 0.005%～0.2%）和铜 0.03%～0.5%。钢材浸泡在 0.2%氯化钠水溶液中，用氢氧化钙调节 pH 到 12，每 3d 更换一次溶液，经过 20d 的试验，钢材未发生腐蚀。在日本，用于海洋建筑的混凝土增强用钢筋的化学成分是：碳 0.1%～0.78%、硅 0.01%～0.3%、锰 0.3%～1%、磷 0.003%～0.02%、硫 0.01%～0.023%、铜≤0.27%、钨≤0.11%、镍≤3.62%和铝≤0.06%。把此种钢筋置于含有海砂的混凝土中，其对于盐水腐蚀的能力将进行研究。在 pH 为 12 的含有氢氧化钙和氯化钠（0.2%～3.6%）的水溶液中，测定了此种钢材的阳极极化曲线。研究结果表明，降低钢材内部硅、磷和硫的含量（其中含硫量尤为重要），有助于提升钢筋对氯离子腐蚀的抵抗能力；而在钢材中添加铜、钨和镍，则能够增强在含盐混凝土中钢筋的耐蚀性。

2. 钢筋混凝土的阴极保护

与钢结构的阴极保护类似，钢筋混凝土的阴极保护主要是为了防止混凝土中的钢筋发生电化学腐蚀。正常情况下，混凝土中的钢筋能够被从毛细孔中渗入的高 pH 值（呈碱性）的水分所钝化，这种钝化状态能抵御碳酸（二氧化碳）或氯离子的腐蚀影响。氧气的扩散作用具有一定的腐蚀性，不过从水泥的毛细孔渗入的溶存氧气和气相氧气都为稀少，不至于对钢材造成太大的损害。然而，当钢筋混凝土处于海洋环境时，来自海水中的氯离子具有极强的穿透性，会透过混凝土毛细孔抵达钢筋表面，当氯离子含量超过临界值时，钢筋的钝化膜就会遭到破坏，长此以往，就会发生严重的钢筋腐蚀。

在海水中，由于阴极保护，会产生少量的多孔性石灰质积垢（海水中钙、镁离子的沉积），致使负电势显著下降，随着时间的推移，水泥的渗透性也因石灰质积垢的增厚而降低。因此，因氯离子富集而引发的腐蚀会因阴极保护所产生的石灰质积垢的增加而逐渐减轻，使点蚀越来越小。阴极保护电位不低于−0.95V（标准氢电极）时，氢脆不会发生（实际上，使用具有自动控制的外加电流型阴极保护法或牺牲阳极法均可满足这一条件）。

3. 环氧涂层钢筋

环氧涂层钢筋是通过静电喷涂的方式将环氧树脂粉末喷涂在普通带肋钢筋或普通光圆钢筋的表面，从而形成一层或多层环氧树脂涂层的钢筋。环氧树脂薄膜防腐涂层的厚度为 0.15～0.30mm，其主要优点包括：

（1）具备极强的耐化学侵蚀性能，不与酸、碱等发生反应，能够长期经受混凝土的高碱性环境而不被破坏。

（2）具有不渗透性，从而能够阻止腐蚀介质，如水、氧气、氯化物等化学成分与钢筋接触，可有效地保护钢筋。

（3）具有绝缘性，环氧树脂涂层阻隔了钢筋与外界的电流接触，是一道化学电离子防腐屏障。

（4）涂层的延性大、干缩小，即使进行抗拉、抗弯和短半径180°弯曲，仍不会出现裂缝。

因此，环氧树脂粉末涂层能够有效地防止处于恶劣环境下的钢筋被腐蚀，从而极大地提高混凝土结构的耐久性。

环氧树脂涂层钢筋的生产过程是先将普通钢筋表面进行除锈、打毛等处理，然后加热到230℃左右，再将带电的环氧树脂粉末喷射到钢筋表面。由于粉末颗粒带有电荷，便会吸附在加热后的钢筋表面，通过熔融、固化交联后便形成一层完整、连续包裹在整个钢筋表面的环氧树脂薄膜保护层。因其适合流水线自动化生产，生产效率高，质量稳定，所以目前应用较为广泛。

但环氧涂层会降低钢筋与混凝土的黏结强度，因此需要在增加单位面积钢筋用量和钢筋笼结构设计方面弥补这一缺点。并且环氧涂层钢筋在运输、加工过程中容易受损，如发现涂层损伤面积大于 $25mm^2$，或损伤面积超过总面积的5%，其防腐蚀能力就与没有涂层的普通钢筋相同，浇筑混凝土时宜采用附着式振动器振捣，使用插入式振动器需用橡胶包覆。环氧涂层钢筋不能与普通钢筋有电连接，绑扎时不得使用普通金属丝。

4. 钢筋阻锈剂

钢筋阻锈剂是一种指加入混凝土中或涂刷在混凝土表面的化学物质，其作用是阻止或减缓钢筋的腐蚀过程。在拌制混凝土时掺入阻锈剂，能够有效阻止或延缓氯离子对钢筋钝化膜的破坏。它会在钢筋表面形成一层致密的保护层，当有害离子（如Cl^-）侵入混凝土结构时，能有效抑制和延缓钢筋锈蚀的电化学反应过程，进而延长钢筋混凝土结构的使用寿命。

钢筋阻锈剂由分散组分、阻锈组分、防腐组分以及其他功能组分复合而成。其中，分散组分为引气型高效减水剂，其高效的减水作用能使水泥浆体的絮凝结构转变为均匀的分散结构，从而释放出游离水，大大减少混凝土拌和物达到规定稠度所需的用水量，进而使硬化混凝土内部的毛细孔隙减少，密实度提高，抗渗透能力也显著增强。阻锈组分包括钝化剂和氧化物保护膜修补剂，它能促使钢筋表面生成一层氧化物钝化膜，并修复钢筋表面的缺陷，具有良好的致密性和稳定性，能够阻止氯离子穿透,降低铁离子的游离速度,从而实现防锈的目的。防腐组分主要用于提高混凝土自身的防腐能力,以减缓对钢筋的腐蚀。

最早开发的钢筋阻锈剂是亚硝酸盐,至今仍常作为复合阻锈剂的重要组成部分。有机阻锈剂的应用发展成为抑制混凝土中钢筋腐蚀的有效手段,它主要是由胺与酯组成的水基有机外加剂。迁移型阻锈剂是一种较为新颖的有机阻锈剂,通常是胺与链烯胺及有机酸或无机酸的盐,且不会迁移型阻锈剂并不降低混凝土的吸水性。

钢阻锈剂按使用方式和应用对象可分为以下两种:

(1) 掺入型(DCI)。添加于混凝土中,主要用于新建工程,也可用于修复工程。

(2) 渗透型(MCI)。喷涂在混凝土外表面,主要用于已建工程的修复。

5. 表面防腐涂料

混凝土表面涂层防护是将涂料涂覆在混凝土表面,以降低 Cl^-、CO_2 和水的渗透速率。现有的沿海设施混凝土所用的涂料大多采用以下几种:

(1) 环氧树脂涂料。环氧树脂涂料具有高附着力、高强度、耐化学品和优异的防腐性能,是海洋钢筋混凝土防腐中最重要的涂料。然而,环氧树脂涂料的户外耐候性较差,涂层硬且脆,容易粉化失光;其固化过程对温度和湿度的依赖性较大。为了改进环氧涂料性能,最近20年来,国内外已研究出各种不同的方法来提高热固性环氧树脂的韧性,增强了其表面润湿性及渗透性,提高了柔韧性、耐磨性和耐候性,同时改善了对固化温度和湿度的依赖性。

(2) 聚氨酯涂料。聚氨酯涂料与环氧涂料性能相似,弹性更佳,能够弥补混凝土表面细小的裂缝。由于其耐化学品性能突出,广泛应用于混凝土贮槽的内壁衬层。对处于大气环境中的混凝土建筑物,脂肪族聚氨酯涂料是耐候性优异、装饰性强的首选面漆。

(3) 聚脲弹性体涂料。聚脲弹性体涂料是一种无溶剂、无污染的新型涂料,不仅一次喷涂的涂层较厚,而且能快速固化,其物理力学性能及耐化学品性能优异,耐紫外线辐射,不易粉化和开裂,在海洋环境钢筋混凝土防腐蚀领域得到广泛应用,但国内该产品的价格比同类产品昂贵。

(4) 氟树脂涂料。氟树脂涂料具有超常的耐候性、突出的耐腐蚀性、优异的耐化学药品性和良好的耐沾污性。此类涂料的涂膜较为柔和典雅,具有较高的装饰性;表面能低,手感光滑,耐沾污性好,易于用水冲洗保洁;涂膜还具有防霉阻燃、耐热的特点,是海洋环境中钢筋混凝土涂料面漆的首选。

第 6 章 附属结构

海上风机基础的附属结构指的是桩基基础除了提供风机承载力之外的辅助结构，主要包括海缆、海缆保护装置、靠船件、灌浆连接段、爬梯与平台以及其他附属构件等。这些海上风机基础附属结构对于海上风机在整个生命周期内的运行都具有至关重要的意义。本章依据行业发展现状，对各附属部件的功能进行介绍。

6.1 附属结构类型及作用

目前中国海上风机基础主要以单桩基础形式和导管架基础形式为主，本书所提及的基础附属结构主要指的是单桩基础与导管架基础的附属结构。图 6-1 展示了一个典型单桩基础的附属结构，图 6-2 呈现了一个典型导管架基础的附属结构。

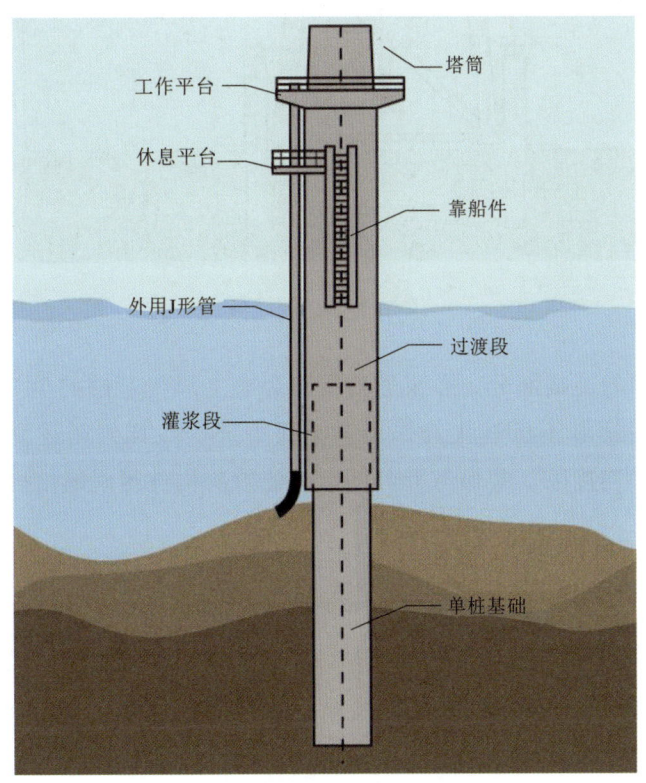

图 6-1 单桩基础附属结构示意图

检修平台、爬梯等是为了便于维修人员登上风机进行作业而设置，属于通道类附属结构。靠船构件的作用是在维修船舶停靠时，减小船舶对基础的冲击力，确保风机基础的安全，属于防护类附属结构。海缆分为通信电缆和电力电缆，通信电缆主要用于通讯业务，电力电缆主要用于水下传输大功率电能。灌浆连接段是导管架腿柱或单

第 6 章 附属结构

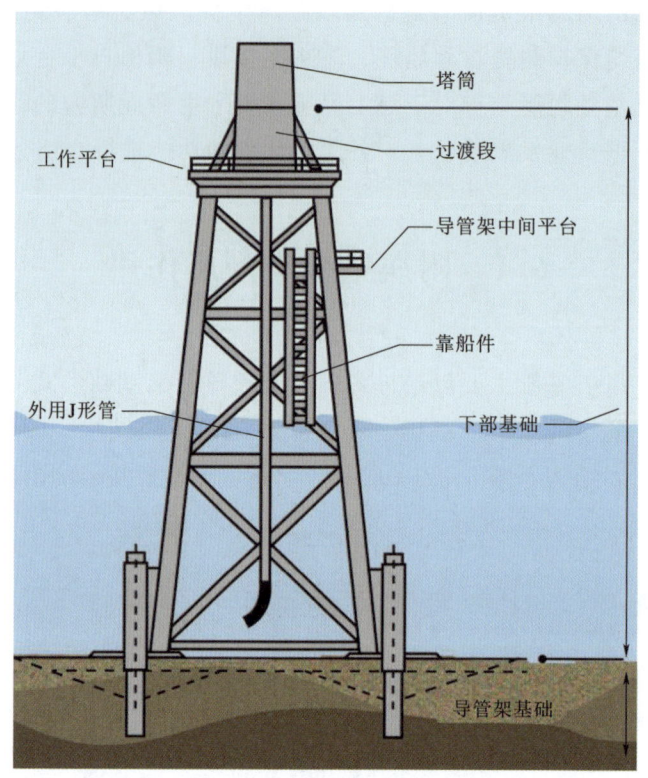

图 6-2 导管架基础附属结构示意图

桩套筒与桩基之间的连接部分，灌浆连接段作为海上风机基础的重要连接结构，在传递结构内力方面发挥着不可替代的作用。下面将进一步详细阐述海缆、海缆保护装置、靠船件、灌浆连接段、爬梯与平台以及其他附属构件等附属结构的作用。

6.2 海 缆

海上风电场通常由风力发电机组、风机基础、海缆和升压站组成。风力发电机组安装在塔筒顶部，实现风能向电能的转换，海缆则将风力发电机组发出的电能传输到海上升压站和陆上集控中心。对于离岸较远的海上风电场，一般会在风场中心建设海上升压站，以减少电能传输过程中的损耗。风场发电机组发出的电能通过与升压站相连的阵列海缆汇集到升压站，经升压后，再通过高压输出海缆传输到陆上集控中心，最后接入系统变电站。

海缆是海上风电电能传输的核心部件。在海上风电桩基附近，海缆在安装和服役过程中，受到自重、海浪、海流、桩基、海床等多种因素的共同影响，容易遭到破坏，尤其是弯曲破坏。一旦海缆受损，将会造成巨大的经济损失。为了防止海缆遭受破坏，需要采用各种防护技术以和防护装备对其进行保护。

对于海缆的海底铺设部分，无论是固定式还是漂浮式海上风机，为了保护海缆免受船锚或商业捕鱼的潜在损害，通常会将其埋在海床下，如图6-3所示。在某些情况下，例如海床过于坚硬，可能无法将海缆埋入海床，此时可以考虑采用其他保护方法，比如用抛石覆盖或用混凝土模块化保护单元对海缆进行覆盖，如图6-4所示。

图6-3 海缆铺设过程示意图

图6-4 沉石保护（左）、水泥沉排保护（右）

在固定式风机基础附近，海缆从海床进入风机基础上部平台的过程有两种方式，一种是海缆经由J形管，从桩基外部进入上部平台，如图6-5所示；另一种是海缆从海缆孔进入桩基内部，然后进入上部平台，如图 6-6 所示。与固定式基础的连接方式不同，漂浮式基础海缆从海床进入基础上部平台的部分通常采用动态海缆的形式，如图 6-7 所示。

图 6-5 海缆在桩基外部固定方法

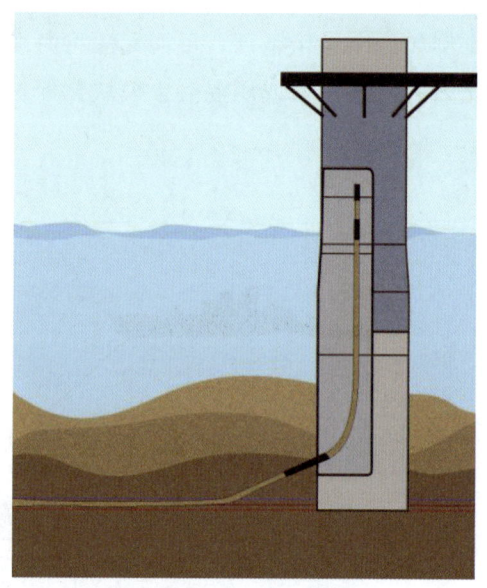

图 6-6 海缆在桩基内部固定方法

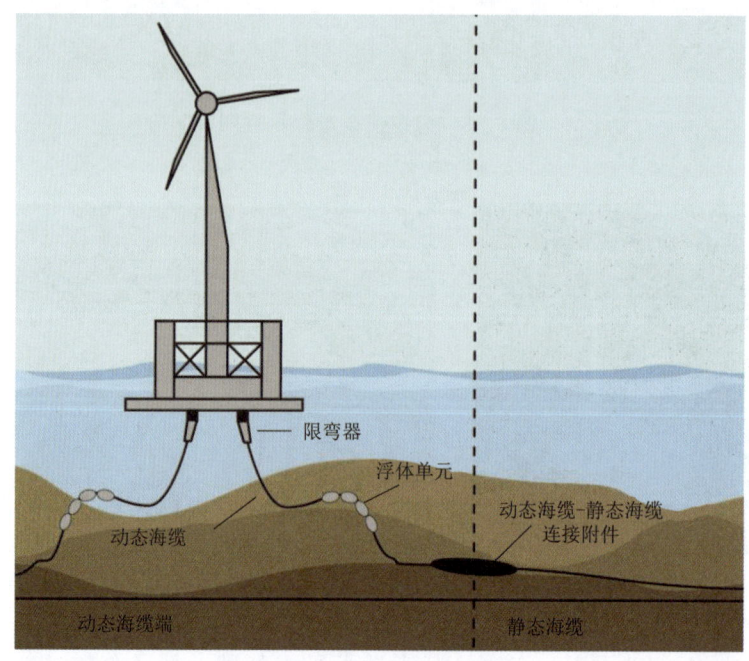

图 6-7 动态海缆示意图

6.3 海缆保护装置

6.3.1 J形管

J形管常用于海上平台固定海底电缆，其典型结构如图6-8所示，其通常为钢管，上端平直，下端弯曲呈J形并采用喇叭形开口，此外，通常对喇叭形管口边缘进行圆滑处理，以减少电缆与管口的摩擦。J形管安装好后，海缆从J形管中穿过并固定在其内。图6-9展示了海缆喇叭口处的固定形式。

图6-8　典型外部J形管

图6-9　J形管中对海缆的固定

在实际工程中，尽管J形管的下端弯曲和喇叭形开口对海缆起到了一定的保护作用，但在海上风电场的电缆失效事故中，J形管下端管口处的电缆仍是最容易发生故障的部位，主要原因是该处海缆的悬空问题未能得到有效解决，因悬空而导致的海缆断裂是海上平台海缆面临的一大难题。

在施工过程中，通常首先在桩基基础附近冲坑或挖沙，再安装J形管，然后回填砂石，使J形管的管口处于海床下。然而，由于冲刷作用，在桩基附近很容易形成冲刷坑，使J形管的下端管口暴露在水中，进而使得海缆悬空。在海流的作用下，海缆不断晃动，产生涡激振动，并与J形管开口发生摩擦。随着冲刷坑的不断扩大，悬空段也随之扩大，海缆的张力随之增加，进而导致海缆破坏。基于此，国内外学者进行了诸多研究并提出了改进方法，主要可分为以下两类。

（1）对基础附近的地基进行处理。如上所述，J形管开口处海缆损坏最根本原因是基础附近的冲刷作用形成冲刷坑，导致海缆悬空并发生破坏，因此预防冲刷是一种有效的方法。

最常用的防冲刷方法是在桩基附近的海床上铺设碎石层。这种方法在海床表层土为砂土时应用最多，因为砂土地质最容易被冲刷，而对应于表层土为淤泥或淤泥质土的海域，冲刷较小，无需进行地基处理，可结合实际冲刷情况决定是否进行地基处理。

地基处理一般多用于海上油气平台，因为海上油气平台占地面积大，且多为单个基础，进行地基处理的效益较好；而对于海上风电，由于风机数量众多，如果均采用地基处理，成本将会很高。

（2）有学者提出在J形管末端增加一种保护装置，其工作原理是通过柔性结构将J形管末端延长至可能产生冲刷的范围之外，再将其埋于海床之下，以此避免冲刷作用对海缆的影响。但该柔性结构需要同时具有柔性和一定的刚性，其弯曲半径必须大于海缆的允许弯曲半径，所能承受的允许张力也要大于海缆的最大允许张力。该柔性结构内部与海缆接触的部分必须是软接触，具备缓冲和消能作用，外部与J形管接触时要确保海缆在J形管的中心，避免海缆与J形管直接接触产生摩擦，即主要通过一个套管来代替海缆承受海流等荷载的作用。图6-10所示为柔性连接的铸铁哈夫套管结构示意图，该方法在中广核江苏如东150MW海上风电场示范项目中得到应用，结果表明套管能够很好地保护海缆，减小海流荷载等外力对海缆的冲击。相较于深埋J形管、铺设防冲刷碎石层等方法，该方法更为经济，且操作简单，值得推广。

6.3.2 海缆弯曲保护装置

在海上风电工程中，为避免固定式风电平台下海缆悬挂部位发生失效，通常会使用弯曲保护装置对悬挂海缆进行保护。根据结构和功能原理的不同，主要的弯曲保护装置包括限弯器和防弯器。

6.3.2.1 限弯器

限弯器最早应用于海洋油气行业，常用于静态柔性立管和脐带缆与基座、管汇、

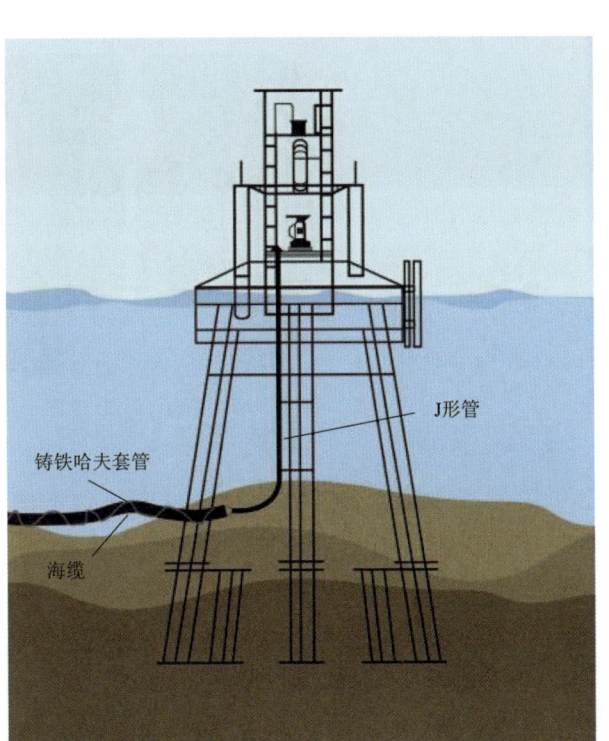

图 6-10 柔性连接的铸铁哈夫套管的结构示意图

井口的连接等处。近年来，限弯器开始应用于海上风电项目，用于悬挂海缆的弯曲保护。限弯器是一种模块化分半式结构，由若干个相同的分半结构通过嵌套组装而成。在工程中，可根据实际需求灵活调整限弯器组合结构的长度，使用时将其包覆在管缆的特定位置，通常使用高强度螺栓进行连接，其示意图如图 6-11 所示。限弯器组合结构的模块单元之间通常设计为允许发生一定的相对转动，因此限弯器组合结构存在锁合半径。当管缆的弯曲变形达到限弯器组合结构的锁合半径时，限弯器组合结构模块单元的相对转动将受到限制，附加在海缆上的限弯器组合结构将与海缆共同抵抗外荷载作用，减缓海缆的进一步弯曲。由于聚氨酯弹性体在海洋环境中表现出良好的耐磨损、抗老化和耐腐蚀性能，聚氨酯限弯器在海洋工程中得到了广泛应用。

限弯器作为目前市场上主要的海缆保护装置，国内的一些企业开展了一系列限弯器的研制工作，并开始在一些海上风电场应用，但现场陆续出现了一些问题，如接口脱落、加剧海缆疲劳等，难以满足行业需求。国外相关海上风电公司很早就针对海上风电海底电缆保护问题展开研究，研究基础较为成熟，但其海缆保护产品和技术成果均对我国进行封锁，且服务和产品价格高昂，我国相关产业对国外的依赖现象较为明显。如图 6-12 所示是 Tekmar 公司开发的一套海缆保护系统（CPS），由防弯器和限

图 6-11 限弯器示意图

弯器组装而成,为全球多个海上风电项目的固定式风电平台下的悬挂海缆提供了保护。图 6-13 所示是 Trellborg 公司开发的电缆保护系统,与 Tekmar 公司的不同之处在于将限弯器替换为直径较小的套管。

图 6-12 Tekmar 公司开发的电缆保护系统

图 6-13 Trellborg 公司开发的电缆保护系统

以上国外公司对悬挂海缆保护的产品和技术成果均予以封锁，致使我国海上风电公司不得不以高昂的价格购买其服务和产品，因此我国开展相关研究的需求极为紧迫。我国首个海上风电场——东海大桥风电场，在设计时将海缆从固定式风电平台基础的J形海缆保护管引出并埋入海床底下，但一段时期后，桩基附近出现了强烈的海床冲刷现象，J形管和海缆均暴露在外。固定式风机平台海缆悬空受力的问题引起了工程师们的关注，他们在东海大桥风电场中采取了保护管保护与打桩固定海缆相结合的海缆保护措施，以保护固定式风电平台下的悬挂海缆，然而海上施工成本较高。2016年，我国江苏响水近海风电场建设中首次采用限弯器来保护J形管下端悬挂的海缆，限弯器对J形管位置海缆的弯曲和磨损具有良好的保护效果，并且安装便捷，有利于缩短项目工期，目前我国众多海上风电工程都采用限弯器对海缆进行保护。

6.3.2.2 防弯器

防弯器是一种变截面空心梁结构，通常由聚氨酯材料制成，其所使用的聚氨酯材料比较限弯器所使用的聚氨酯材料更软，即材料的弹性模量更小，因此聚氨酯材料的防弯器在应用中会发生不同程度的变形。防弯器一般应用于在柔性管缆与刚性固定端的连接处，通过防弯器的尺寸设计，一方面能够将管缆端部的曲率控制在较低水平，避免柔性管缆在刚性固定端的连接处发生过度弯曲；另一方面可以实现端部柔性管缆曲率的平滑过渡，在动态荷载显著的工况中具有疲劳保护的作用。为实现防弯器与刚性固定端的连接，一般的做法是在防弯器内部嵌入一个金属法兰盘和螺栓，在实际安装到刚性固定端时可通过螺栓进行连接。

海缆进入风电基础上部平台的方式不同，所采用的防护策略也有所区别。当海缆从桩基外部进入桩基上部平台时，为避免浪流的冲击，沿桩基布置的大部分海缆采用J形管保护，靠近海床的部分则采用弯曲保护装置进行保护，如图6-14所示。这种情况下的弯曲保护装置大多由两部分组成，分别是中心夹具和限弯器。中心夹具的主要作用是连接限弯器与海缆，还能将海缆固定在J形管的中心区域，防止J形管与海缆发生磨损。限弯器是弯曲保护装置的功能单元，用于防止海缆发生弯曲破坏。

当海缆经由桩基内部进入上部平台时，桩基内部的电缆不会受到波浪和海流的冲击，所以无需对桩基内部的整段海缆进行防护，也不需要应用类似J形管的结构。与此这种安装方式相对应，弯曲保护装置一般由三部分构成，分别是防弯器、卡扣和限弯器，如图6-15所示。防弯器的作用是确保桩基内部的海缆在安装过程中不发生弯曲破坏；卡扣的作用也是为了固定弯曲保护装置，与中心夹具不同的是，卡扣不与海缆连接，它通过自身的倒刺结构将弯曲保护装置固定在基础的海缆孔上；限弯器的作用是防止桩基外部的海缆发生弯曲破坏。

第6章 附属结构

图6-14 J形管及配合使用的弯曲保护装置

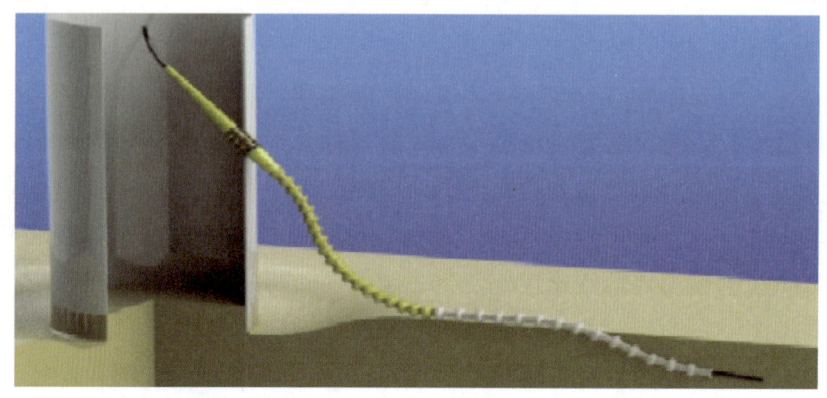

图6-15 桩基内部电缆相连接的弯曲保护装置

6.3.3 新型海缆保护管

目前国内朱嵘华教授创新研发出了一种新型J形管,其采用传统J形管与新型J形管相结合的方式,如图6-16所示,也就是说,上部连接至平台的段落采用传统钢结构J形管的形式,下部则采用新型J形管,传统J形管与新型J形管之间可以采用法兰连接,也可以采用喇叭口的连接形式。采用这种方案,前期的投入相对较小,能够将传统J形管的经济性与新型J形管的保护性能完美地融合在一起,达到经济且保护性能优良的效果,而且安装便捷,无需进行海上施工,不过钢结构部分需要定期进行检修。新型海缆保护管的另一种安装方式如图6-17所示,从基础平台至海床面全程采用新型J形管的方案。采用这种方案不仅具备第一种方案的所有优势,还因为其全程采用了具有高防腐性能的新型J形管,所以防腐性能良好,无需维护。第三种柔性J形管海缆保护方案——单桩开孔,如图6-18所示,柔性J形管海缆的样式如图6-19所示。

6.3 海缆保护装置

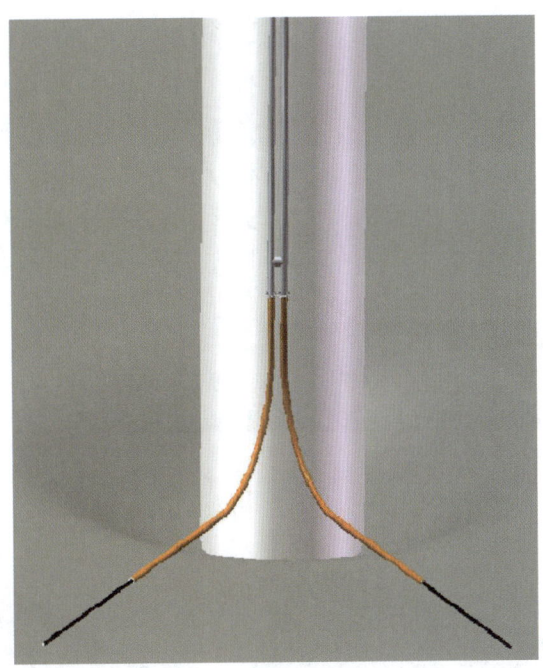

图 6-16 柔性 J 形管海缆保护方案 1——法兰连接

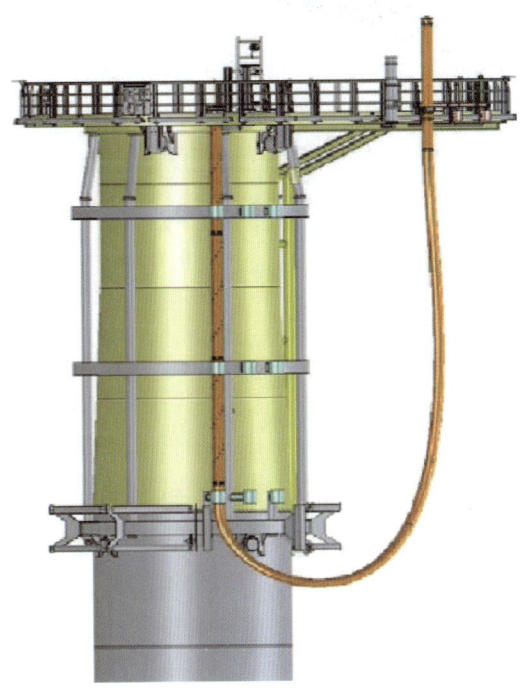

图 6-17 柔性 J 形管海缆保护方案 2——全程采用

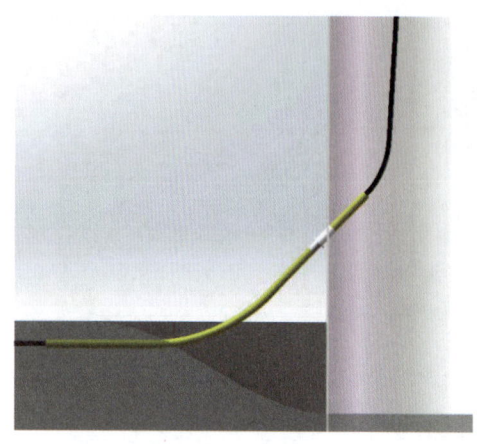
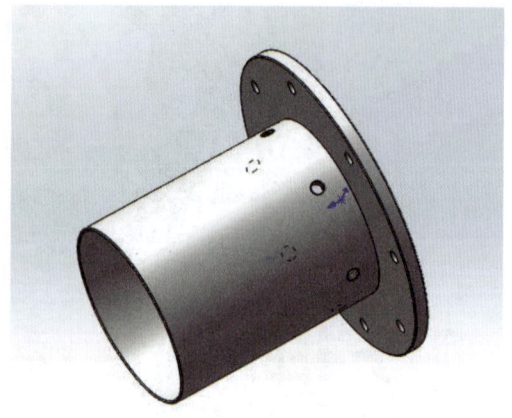

图 6-18　柔性 J 形管海缆保护方案 3——单桩开孔

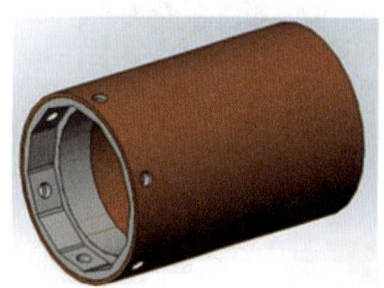

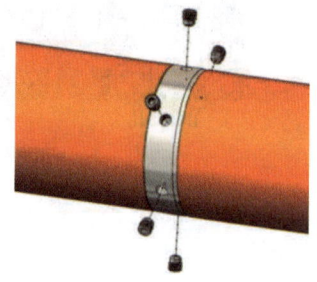

图 6-19　柔性 J 形管海缆样式

6.4　靠　船　件

6.4.1　靠船件结构

靠船构件（以下简称靠船件）是指在维修船舶或补给船舶等靠泊风机时，用于吸收其靠泊能量的结构，旨在降低船舶靠泊时对风机结构的作用力，防止风机结构因此而损坏。图 6-20 展示了一种典型的靠船件结构，该结构为吸能器型靠船件，主要由上下两个吸能器以及一个立柱连接而成，再通过两个吸能器上的法兰与风机的合适位置相连接。海上风机靠船件的设计主要沿袭了海上油气平台靠船件的设计，如图 6-21 所示，其作用原理是通过弹性构件将船舶的动能转化为势能，进而再转化为船只反向的动能，以此来减小船舶对风机结构的冲击。

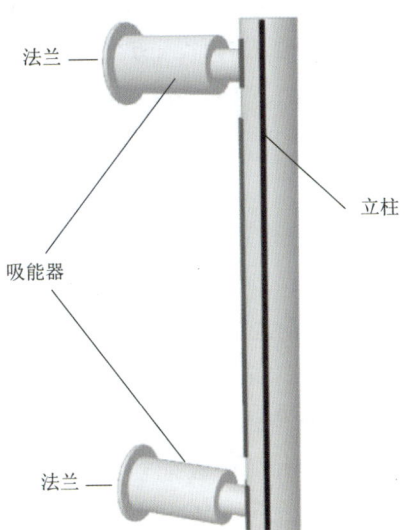

图 6-20 靠船件结构示意图

图 6-21 靠船件结构示意图

6.4.2 靠船件设计

6.4.2.1 靠泊船舶能量计算

靠船件最重要的功能是对靠泊船舶的动能进行吸收和转化,所以靠船件所能吸收的能量是其最为重要的参数之一。因此,在设计靠船件之初,需估算该区域船舶的最大靠泊量。

对于海上风机靠泊船舶能量的估算，目前并没有相应的规范标准。行业内主要参考海上油气平台的相关规范。较为通用的计算方法是依据 API RP 2A 中的相关公式进行计算，其具体公式和参数选取如下：

$$E = 0.5amv^2 \tag{6-1}$$

式中　　E——船舶的动能，kJ；

　　　　a——附加质量系数，该系数根据船舶或船体形状决定，船侧碰撞时 $a=1.4$，船首/尾碰撞时 $a=1.1$，通常为安全起见，取 1.4；

　　　　m——船舶质量，t（计算船舶通常为该区域内可能靠泊的最大船舶）；

　　　　v——船舶靠泊平台时的速度，m/s。

6.4.2.2　船舶靠泊时平台反力计算与强度校核

在靠船件的设计过程中，通常由生产吸能器的厂家提供性能曲线来计算平台反力，该性能曲线包括所吸收能量、反力、以及变形之间的关系。在设计时，依据此曲线可得到靠泊反力等，从而对靠船件和风机结构强度进行分析和校核。强度校核的重点在于对节点、焊缝、螺栓等的强度进行校核。对于钢结构的强度校核，应满足钢结构的设计规范，其中对剪应力、压应力、弯曲应力所允许的最大值分别为 $0.4F_y$、$0.6F_y$、$0.66F_y$，其中 F_y 为材料的屈服强度。在校核时，需要考虑不同水位、船舶停靠方向等组合工况，包括侧靠、顶靠、高水位、低水位等，可根据实际情况进行工况组合。

靠船件的位置、长度等由其上下两个支撑的标高决定，而标高的确定，通常由该海域的天文潮以及停靠运维船的干舷、吃水等共同决定。根据行业规范，其上下标高可由如下公式确定：

上支撑标高＝最高天文潮＋空载干舷×2/3＋安装误差

下支撑标高＝最低天文潮＋满载吃水×1/3＋安装误差

对于靠船件的布置，从图 6-21 中可以看出，爬梯的两根立柱与靠船件的立柱共用，既节约材料，又节省空间。此外，靠船件的布置还需注意与其他结构（如 J 形管、平台、施工辅助结构等）不发生冲突。

靠船件的安装方式大致可分为两种，对于整个风机结构的海上施工安装没有影响的，一般在陆地上进行预安装；对于会影响海上施工作业的，则在海上风机结构主体完成安装后再进行安装。靠船件的安装步骤主要分为两部分，即上、下两个支撑结构与风机的连接。一般来说，上部分通过焊接将靠船件连接到风机结构上，下部分则通过螺栓进行连接，这就需要保证足够的安装精度。对于陆上预安装，由于其不涉及水下操作，通常较为简单；而海上安装时，由于螺栓连接处于水下，进一步增加了安装的难度。基于此，有学者提出了在风机结构上预先焊接一个导向钢的方法，即先将靠船件悬挂在导向钢上，再通过调整导向钢来调节靠船件的位置，使靠船件就位，其安装示意图如图 6-22 所示。

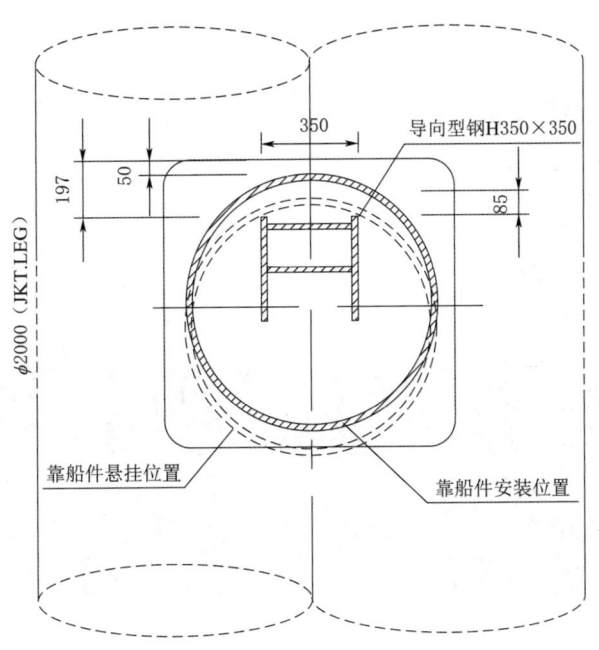

图 6-22 导向钢安装示意图（单位：mm）

从上图 6-22 可以看到，导向钢焊接的位置比靠船件的安装位置低。将靠船件悬挂在导向钢上之后，通过倒链抬高靠船件的位置，直到其水下法兰与风机结构预焊接的法兰对位，随后完成连接。此后，再完成靠船件上部分支撑结构与风机结构的焊接，即完成安装。

6.4.3 登靠装置

目前国内外常用的海上风电登靠方式包括：①对接近海风机爬梯的登靠方式；②对接风机平台的舷梯登靠方式；③针对大型货物转运的起重设备登靠方式；④其他登靠方式（如吊篮、软梯和直升机登靠等）。其中，第一种登靠方式仅适用于服务近海区域的风电场，主要用于人员和少量货物的运输；第二种方式主要采用多自由度波浪运动补偿的舷梯系统，能够实现人员和货物的平稳登靠；第三种方式主要侧重于货物的运输；其他登靠方式则主要以人员运输为主。

对于近海风电平台，通常采用小型船舶，直接顶靠风机基座爬梯，并与海上风机平台塔基相互接触，利用普通登乘装置登上海上风机平台，实现作业人员的转送。此类小型运维船舶具有性价比高、响应迅速的特点。此类快速登靠装置的运维船如图 6-23 所示。但是由于海上登靠不可避免地会受到海况的影响，这种方式很难适应较为恶劣的海况。为了适应远洋风电场的运维需求，从安全性角度考虑，船舶的海上换乘伤亡率要低于直升机等。从兼顾人员和货物的运输以及登靠平稳性来看，基于波浪补偿技术的登靠舷梯能够很好地适应海况，有效增加海上登靠的安全性。

图 6-23　快速登靠的运维船[38]

为了延长风机平台运维的可作业时间，需要提高登靠装置的稳定性和安全性。在海浪波高较小且无船舶动力定位的情况下，可以针对波浪引起的船舶运动设计补偿装置。补偿装置或系统主要安装在船舶甲板上，一般采用具有若干个自由度的补偿舷梯系统来实现。国外著名的产品有荷兰海上设施通道运营商 Ampelmann 公司的 L 形登靠系统（图 6-24）、英国 Houlder 公司的风机登靠系统等。

图 6-24　Ampelmann 公司的 L 形登靠系统[39]

此类补偿舷梯主要针对运维船舶的横摇、纵摇、垂荡三个自由度的运动，通过舷梯的伸缩、俯仰、转动等三维运动对船舶的运动状态进行补偿，从而使人员及货物运输通过桥梯时更加平稳可靠。此类运维船主要针对沿海风电平台，具有小型化、可靠性和性价比高的特点，其以运输人员为主，也可实现少量货物的运输。

6.5 灌浆连接段

对于海上风机基础结构,为便于施工及克服施工误差对整体结构传力性能的影响,工程师提出了灌浆连接的方法,用于导管架腿柱与桩基之间的连接。海上风机结构的灌浆连接段主要由桩体、灌浆层和外套筒组成。灌浆连接段不仅能够解决超重构件拼装难度大、精度要求高的问题,还可兼顾上部结构的调平。作为海上风机基础的重要连接结构,灌浆连接段的受力复杂,在传递结构内力方面发挥着重要作用。图6-25所示为海上风机基础结构典型灌浆连接段的示意图。

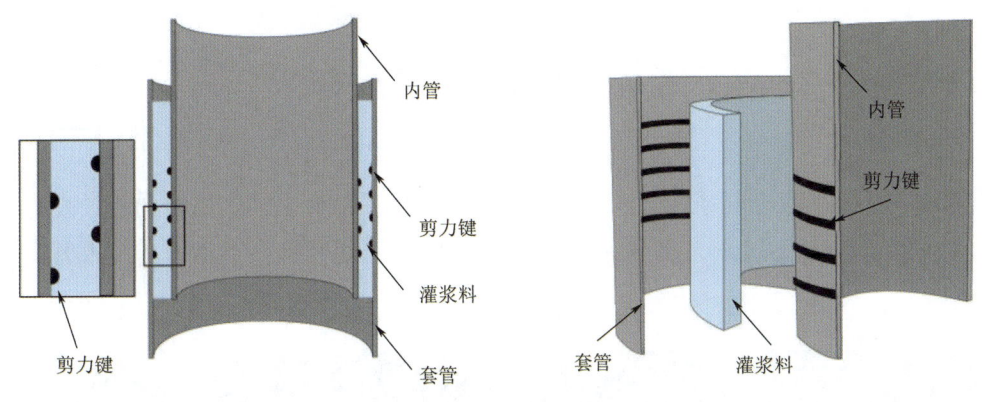

图6-25 灌浆连接段

灌浆连接段主要应用于单桩基础和导管架基础中,因此现有的关于灌浆连接段的研究和规范主要针对这两种基础形式展开。根据使用需求,海上风电灌浆连接段可以分为以下三种形式:

(1) 筒形平滑无剪力键的灌浆连接段,由于其无法确保导管架与桩基之间荷载的有效传递,存在较大的安全隐患,DNV、GL规范已经不再推荐采用。

(2) 筒形平滑有剪力键的灌浆连接段,目前在导管架基础结构中较为常用。

(3) 锥形灌浆连接段,主要应用于变截面钢管的连接,适用于单桩基础结构。

海上桩基础一般需要通过灌浆来实现基础结构与桩的连接。然而,灌浆料流动性强,在凝固前易发生流动,为防止灌浆材料泄漏,一般会采用密封圈进行密封处理。由于基础插桩作业需要在几十米以下水深完成,因此密封圈通常在岸上或码头预先安装。由于波浪和洋流会对船舶和基础结构产生一定的冲击,在基础插桩的过程中,很难一次性到位,可能会经历多次插拔。此外,打桩就位后,钢管桩桩头露出泥面的高度仅有约2m,露出泥面的桩头在桩锤反复锤击的作用下会出现局部破坏,产生许多突出的毛刺、尖角和其他突出物等。因此,密封圈容易因为基础的往复插桩以及钢管毛刺的影响发生擦伤、撕裂等失效。此外,如果一次插桩不到位,将基础吊起重新插桩,会造成密封圈的损坏。在如此反复操作下,灌浆密封圈易失效破坏,导致在灌浆过程中出现漏浆的现象,最终造成大量灌浆料的浪费。

目前,针对海上风电工程中因密封圈破裂而导致的漏浆问题,国内一般采用填充布料等柔性材料方法进行二次封堵的方法,此方法简单直接,但密封效果不稳定。对于该方法的改进通常有三种做法,第一种方法是利用膨胀高聚物材料和密封圈进行堵漏,采用上下两层密封圈,并在两段密封圈中间注入膨胀高聚物材料,以确保密封圈因施工等原因破损后,膨胀材料仍能起到密封作用,达到二次密封的目的;第二种方法是对密封圈进行加强,在其内部加入加强纤维层,以减少密封圈的破坏几率;第三种方法是采用充气式密封圈,在桩打入之后再进行充气,避免密封圈在施工过程中受到损坏。

6.6 爬梯与平台

爬梯与平台等便于运维人员工作的辅助结构一般参照海上油气平台的相关规范进行设计,重点在于确保运维人员的人身安全以及作业的便利性,如图 6-26 和图 6-27 所示。

图 6-26 单桩基础爬梯及平台

图 6-27 导管架基础爬梯及平台

具体来说，对于内外平台，其防护要求应遵循以下原则：

（1）距离下方相邻平台或甲板 1.2m 及以上的平台、通道或工作面的所有敞开边缘，都必须设置防护栏。

（2）在平台、通道或工作面上可能使用工具、机器部件或物品的场合，应在所有敞开边缘设置带有踢脚板的防护栏杆。

（3）当平台设有满足踢脚板功能或强度要求的其他结构边沿时，防护栏杆可以不设置踢脚板。

对于内外钢平台，其设计荷载应遵循下述规定：

（1）平台防护栏杆安装后，顶部栏杆应能承受水平方向和垂直向下方向不小于 980N 的集中荷载以及不小于 700N/m 的均布荷载。在相邻立柱间的最大挠曲变形不大于跨度的 1/250。平台中间栏杆应能承受在中点圆周上施加的不小于 700N 的水平集中荷载，最大挠曲变形不大于 10mm；平台端部或末端立柱应能承受在立柱顶部施加任何方向上 980N 的集中荷载。

（2）钢平台的设计荷载应根据实际使用要求确定，且不应小于本部分规定的值。整个平台区域内应能承受不小于 $5kN/m^2$ 的均匀分布活荷载。

（3）平台铺板在设计荷载下的挠曲变形应不大于 10mm 或跨度的 1/200，取两者中的较小值。

对于爬梯，在设计过程中应与风机厂家协调配合，确保基础能够满足爬梯上下、内外接口的要求，保证其能够安装到位。对于爬梯的荷载及变形，应考虑竖向和横向两方面因素的叠加影响。

对于平台、爬梯的具体设计要求，在海上油气平台领域已有成熟的规范体系可参照，具体可参照《固定式钢梯及平台安全要求 第 3 部分：工业防护栏杆及钢平台》（GB 4053.3）、《固定式钢梯及平台安全要求 第 1 部分：钢直梯》（GB 4053.1）、《固定式钢梯及平台安全要求 第 2 部分：钢斜梯》（GB 4053.2）等规范的相关规定。

6.7 其他附属结构

随着海上风电行业的发展，基于产业需求可能会涌现出一些其他新型附属结构。以海上风电与海洋牧场产业的融合为例，通过将海洋牧场与海上风电场有机结合，充分发挥各自优势，以实现集约用海的目标，并创造额外的经济效益。具体来说，海上风电场的高桩承台基础可用于固定鱼类养殖网箱和贝藻养殖筏架，下文将简要介绍以此为基于此进行网箱养殖的结构设计方案研究。

高桩承台风机基础主要由钢管桩和混凝土承台组成，上部为混凝土承台，与下部

第 6 章 附属结构

图 6-28 高桩承台养殖网箱

的八根钢管桩相连,钢管桩呈均匀布置,由八根钢管桩所围成的空间是进行海洋鱼类养殖的绝佳场所,将海洋网箱养殖与高桩承台基础相结合,形成了全新的海上风电牧场。高桩承台基础为网箱提供了有力的支撑,使其能够抵御风、浪、流等恶劣海洋环境荷载的影响,同时降低了网箱锚固系统的制作和安装费用。此外,在高桩承台基础平台上安装自动投饵机、监视系统等养殖设备,利用风机的电力进行供电,通过风机运维系统实现深海渔业网箱养殖的智能化、自动化,从而降低成本。为了便于施工,网箱可以通过套笼结构固定在桩腿上,网箱结构的整体示意图如图 6-28 所示。

网箱套笼结构如下图 6-29 所示,套笼结构的主体由支撑管和圈梁组成,安装时将其套在桩腿上;网箱网衣则通过网衣横纲上预留的锚链孔连接在套笼支撑管上的眼板进行固定,如图 6-30 所示。

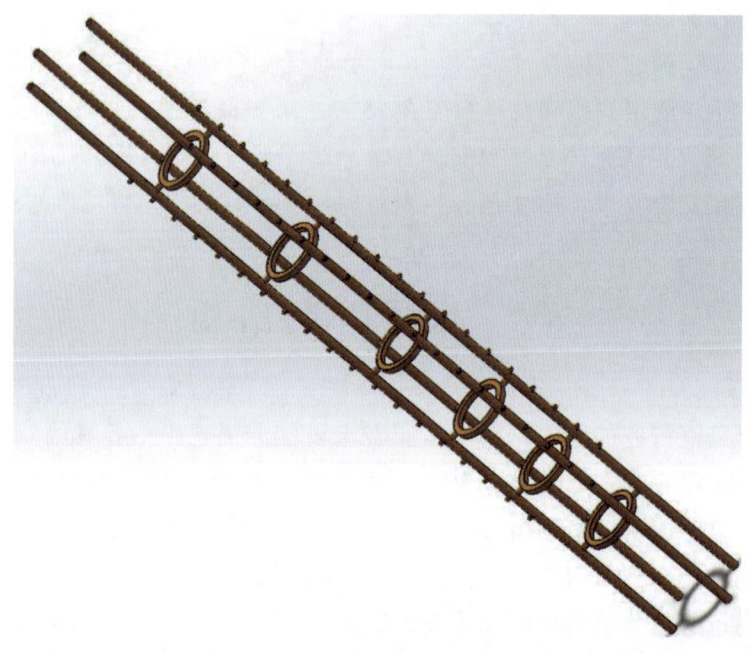

图 6-29 套笼结构主体

6.7 其他附属结构

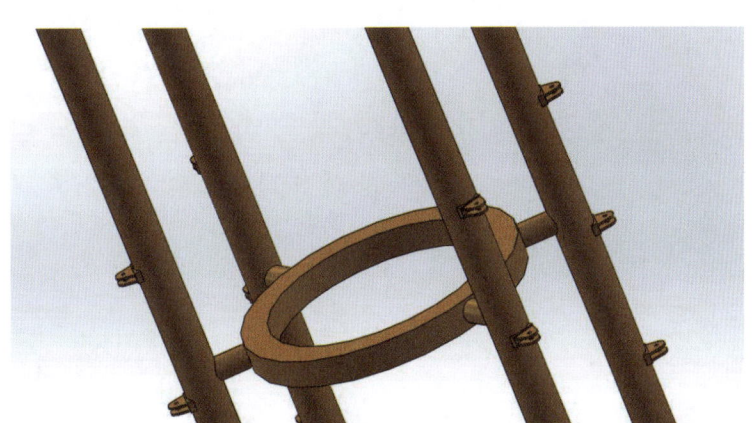

图 6-30 套笼支撑管上的眼板

第 7 章　风机荷载

在海上风电机组的运行过程中，海上风电支撑结构所承受的主要外部荷载包括风机荷载、风荷载、波浪荷载、海流荷载等，此外还会受到其他永久性荷载（如重力荷载）、可变荷载（如吊机荷载、平台活荷载、静水压力等）、偶然荷载（如落物、事故碰撞冲击、爆炸、火灾、地震等）以及其他荷载（如温度荷载、地基沉降等）的作用。本章将详细介绍海上风电支撑结构设计过程中涉及的各项载荷，并对相关的计算分析要求进行说明。

7.1 荷 载 参 数

7.1.1 风资源参数

风是由空气流动引起的一种自然现象，其强度通常通过风速大小来表示。通过实测风速时程曲线的分析可知，风由长周期部分和短周期部分组成。长周期部分一般被称为平均风部分，具有明显的定常特性，在给定的时间间隔内，风力的大小和方向均保持不变，其周期通常在 10min 以上。短周期部分则是在平均风的基础上产生的脉动，脉动风体现了大气边界层的紊流特征，其周期通常仅为数秒，可近似用零均值、具有各态历经性的平稳随机过程来模拟。

近海风场的风资源分布通过平均风和脉动风的组合进行建立，其中平均风速沿垂直高度的变化通常遵循指数规律，风向分布通过风玫瑰图来描述，各风速出现的概率分布则利用 Weibull 分布进行表示。在风的脉动特性方面，常采用湍流强度来表征其脉动程度的大小，湍流强度越大，风的脉动特性就越强。脉动风可被视为一个平稳且具有各态遍历性的高斯随机过程，具有较强的随机性。脉动风的统计特性可以用各方向的功率谱密度函数来描述，即采用功率谱密度函数来表示脉动风能量在频率上的分布情况。在实际工程中，常用的风速功率谱模型有 Davenport 谱、Kaimal 谱和 Von Karman 谱等。在建立脉动风模型后，即可通过不同的数值方法来模拟脉动风速时程曲线。

通常情况下，风场数据的来源主要有两个方面：一是风场附近气象站多年积累的气象数据统计资料；二是风电场前期勘测期间通过建造测风塔进行不少于 1 年的实际观测所获得的数据。表 7-1 展示了某气象站多年统计所得的气象要素特征值，涵盖了气温、气压、湿度、降水量、风速等关键指标。此外，基于气象站的统计资料，往往需要对风电场海域的一些极端气象进行评估，这包括对主要的气象灾害，如热带气旋引起的极端大风，进行深入的分析和预测。

表 7-1　　某气象站主要气象要素特征值（1953—2009 年）

项目		单位	指标	发生时间
气温	多年平均	℃	22.5	
	多年极端最高	℃	38.3	2005.7.9
	多年极端最低	℃	-1.4	1955.1.12
气压	多年平均	hPa	1010.0	
	多年平均水汽压	hPa	23.1	
湿度	多年平均	%	80	
降水量	多年平均	mm	2336.1	
	年最大降雨量	mm	3611.3	2001
风速	多年最大风速	m/s	34.6	2008.9.24
	多年极大风速	m/s	52.5	2008.9.24
雷暴日	多年平均	d	85.7	

而对于区域风况的分析，主要的风资源数据包括平均风速、极端风速、主风向、风湍流强度等。某测风塔 2014 年不同月份、不同高度的平均风速实例见表 7-2。

表 7-2　　某测风塔 2014 年不同月份、不同高度平均风速　　单位：m/s

高度/m 月份	110	100	90	80	70	60	50	40
1	7.45	7.68	7.49	7.46	7.53	7.26	7.19	6.94
2	7.52	7.73	7.51	7.45	7.47	7.34	7.18	6.96
3	7.94	8.12	7.97	7.82	7.81	7.76	7.50	7.29
4	6.02	6.13	5.92	5.93	5.94	5.87	5.68	5.52
5	6.40	6.62	6.16	6.04	6.32	6.16	5.89	5.55
6	6.17	6.49	5.94	6.00	6.45	6.31	6.01	5.62
7	6.28	6.34	6.23	6.21	6.33	6.31	6.16	6.01
8	5.80	5.82	5.68	5.68	5.79	5.77	5.61	5.54
9	5.46	5.50	5.50	5.49	5.42	5.47	5.30	5.24
10	7.02	7.23	7.16	7.18	7.33	7.18	7.02	6.96
11	7.59	7.77	7.62	7.69	7.81	7.59	7.58	7.42
12	9.15	9.37	9.23	9.24	9.33	9.08	9.14	8.89
平均	6.90	7.07	6.87	6.85	6.96	6.84	6.69	6.50

根据表 7-2 中的平均风速数据，可以推算出该场区相应的风功率密度，从而对该场区的风资源进行评估，这有助于海上风电场区的选址及评级。某测风塔 2014 年不同月份、不同高度的平均风功率密度见表 7-3。

表7-3		某测风塔2014年不同高度平均风功率密度						单位：W/m²	
时间/月份	高度/m	110	100	90	80	70	60	50	40
1		316.15	344.62	322.10	316.98	324.56	296.48	290.07	264.10
2		326.07	352.53	324.14	313.19	312.25	299.62	277.82	253.91
3		372.85	401.07	378.52	362.51	363.36	356.68	324.18	299.90
4		215.00	227.18	212.18	208.51	208.93	204.12	192.12	179.71
5		200.54	213.87	174.05	165.21	186.61	172.36	150.37	129.44
6		199.23	211.35	165.68	166.86	199.79	189.00	165.53	142.36
7		391.79	396.37	380.45	368.67	378.19	374.40	343.62	330.29
8		186.16	187.65	171.77	172.99	182.52	178.03	164.94	159.46
9		479.54	512.00	493.02	473.21	471.45	455.70	418.53	398.92
10		301.51	331.96	319.41	319.80	345.36	322.24	302.45	291.94
11		317.73	340.82	325.01	330.90	345.61	319.14	319.30	300.22
12		568.92	605.58	588.11	582.95	598.07	555.75	569.32	524.82
平均		322.96	343.75	321.20	315.15	326.39	310.29	293.19	272.92

基于表7-2、表7-3数据，可以绘制出相关的曲线图，某测风塔2014年不同高度平均风速年内变化如图7-1所示，某测风塔2014年不同高度平均风功率密度年内变化如图7-2所示。

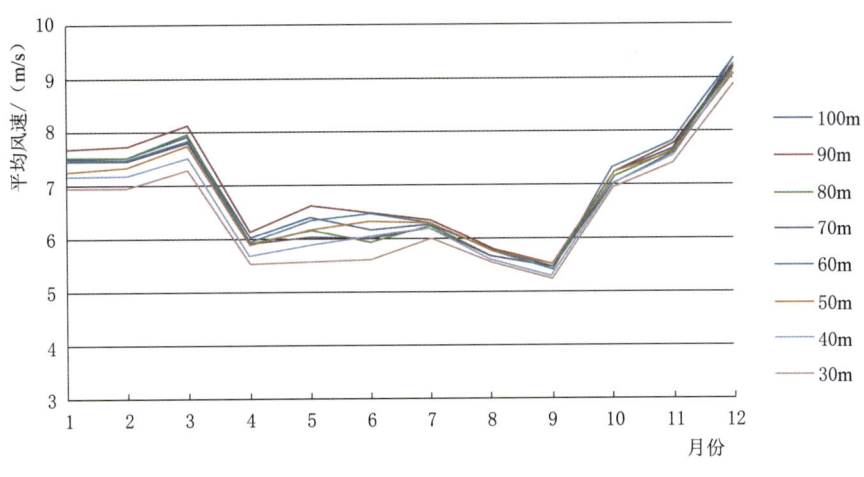

图7-1 某测风塔2014年不同高度平均风速年内变化

针对上述测风塔实测风速数据的图表分析，可以得出以下初步结论：

（1）测风塔测风年不同高度的年平均风速在6.5～7.07m/s之间，年平均风功率密度在273.3～343.9W/m²之间。

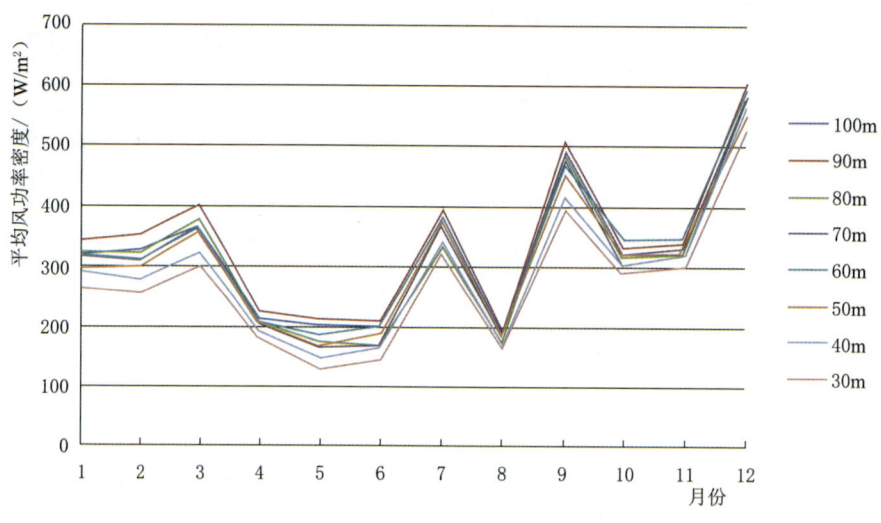

图 7-2　某测风塔 2014 年不同高度平均风功率密度年内变化

（2）测风塔测风年的年内变化较大，以 100m 为例，各月风速年内变化范围为 5.5～9.37m/s，风功率密度为 187.6～605.6W/m²。12 月的平均风速最大，该月平均风速是年平均风速的 1.33 倍，该月平均风功率密度是年平均风功率密度的 1.76 倍；9 月的平均风速最小，该月平均风速是年平均风速的 0.77 倍，而 8 月份的平均风功率密度最小，该月平均风功率密度是年平均风功率密度的 0.55 倍。

1. 实测最大风速

测风塔所记录的实测最大风速数据是风场评估中不可或缺的关键参数。通常，工程人员会根据测风塔实测时段内的测风数据，进行实测最大风速的统计分析。以某海上风电场为例，实测最大风速发生在 2014 年 9 月 16 日，100m 高 10min 平均最大风速为 33.4m/s，主导风向为 ENE。相关数据统计表示例见表 7-4。

表 7-4　　　　测风塔实测最大风速与极大风速统计　　　　单位：m/s

测风层/m	最大风速	极大风速	出现时间/(年-月-日 时：分)	相应风向
40	30.1	40.2	2014-9-16 5：00	ENE
50	31.2	36.7	2014-9-16 4：10	ENE
60	31.5	40	2014-9-16 4：10	ENE
70	32.5	40.4	2014-9-16 5：00	ENE
80	32	39.6	2014-9-16 5：00	ENE
90	32.4	40	2014-9-16 5：00	ENE
100	33.4	41.5	2014-9-16 5：00	ENE
110	31.7	40	2014-9-16 5：00	ENE

2. 主导风向和主导风能方向

风向、风能的分布也是影响风机设计的主要因素。通常采用绘制风玫瑰图的方式来表达各方向风的发生频率以及风能的分布情况。如图7-3和图7-4所示，在该时间段下，测风塔100m高处的主导风向为ENE，主导风能方向为NNE，主导风向ENE的频率为19.89%，相应ENE向的风能频率为19.80%；风能主导方向NNE的频率为27.66%，相应NNE方向的风向频率为14.95%。在风机结构的布置及设计过程中，将充分考虑风向与风能的分布特性，有针对性地开展结构优化工作，以提升风机的整体性能。

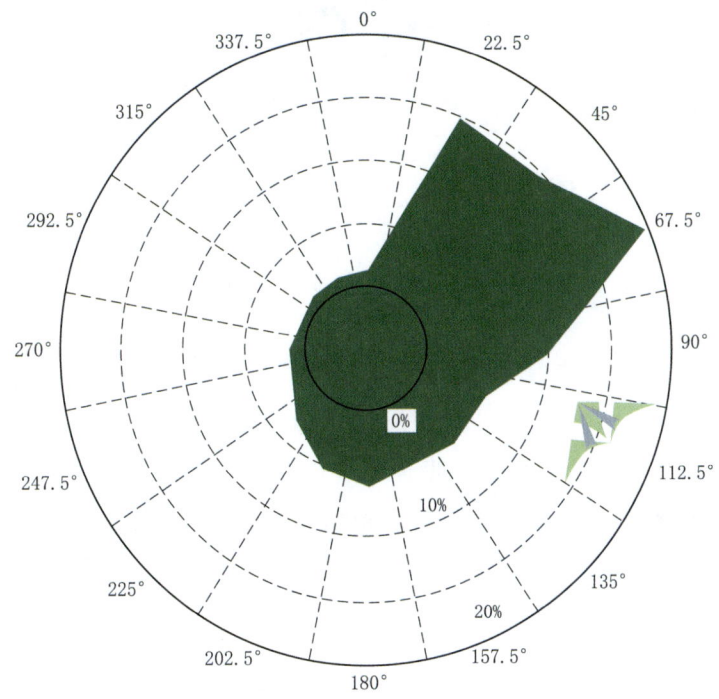

图7-3 某时间段测风塔100m高度处风向玫瑰图

上述资料仅为风资源相关的部分数据，在实际工程中，需要更为翔实的测量数据，并基于经验公式对数据进行相应的处理，从而获取风资源设计输入。数据处理主要包括威布尔分布曲线的拟合以及确定各个重现期的设计风速，即确定威布尔分布中相关的威布尔参数，以及风电场轮毂高度处5年一遇、50年一遇的10min平均风速以及3s极大风速等参数。

7.1.2 潮汐参数

在海上风电场的前期勘测阶段，潮站勘测数据是获取潮汐基本特征的重要途径。例如，某海上风电场区的潮汐属于不正规半日混合潮型，其特点是一个太阴日有两次

第7章 风机荷载

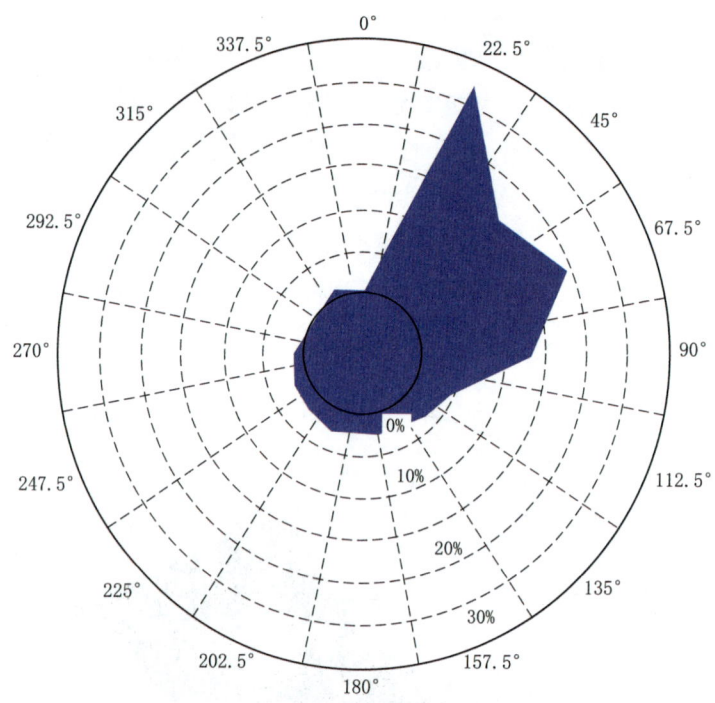

图 7-4 某时间段测风塔 100m 高度处风能玫瑰图

高潮和两次低潮,一次全潮的周期约为 24h50min 等。

在观测数据中,对海上风电结构设计影响较大的因素是潮位特征值。为了确保设计的合理性和结构的安全性,对潮位进行准确的评估和分析至关重要,而首要任务是确定当地的基面关系图,一般主要参照 1985 国家高程基准。某场区当地的基面关系如图 7-5 所示。

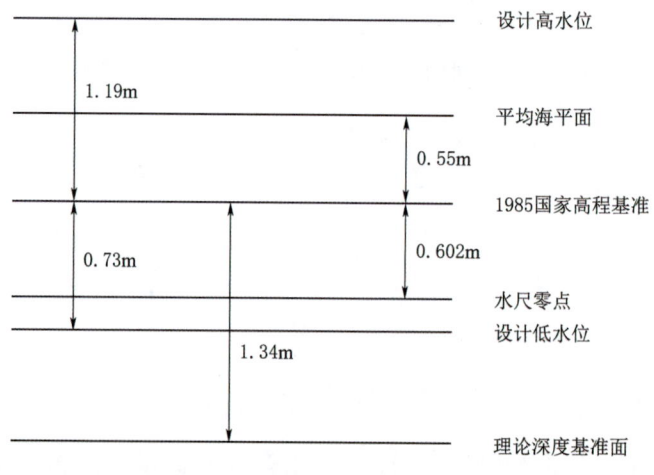

图 7-5 某场区当地基面关系图

基于潮位站完整一周年的潮位资料统计，可以获得一定的潮位特征值。某场区一周年的观测期间内，获取了平均高潮位、平均低潮位和平均潮位等特征值，具体的观测特征值详见表7-5。

表7-5 某场区周年潮位观测特征值

特征潮位	本项目周年站	特征潮位	本项目周年站
平均高潮位	143cm	最大潮差	325cm
平均低潮位	−8cm	平均涨潮历时	6h56min
平均潮位	67cm	平均落潮历时	6h27min
平均潮差	151cm		

此外，还需要根据实测数据确定设计输入条件，包括设计高水位、低水位以及各重现期水位等，具体内容如下：

1. 设计高、低水位

利用工程海域连续一年的逐时实测潮位资料，摘取逐时潮位值绘制历时累积频率曲线，在曲线上摘取1%和98%的潮位值，从而得到场址的设计高水位和低水位，某场区周年潮位站逐时潮位累积频率如图7-6所示，其中设计高水位为212cm，低水位为−51cm。

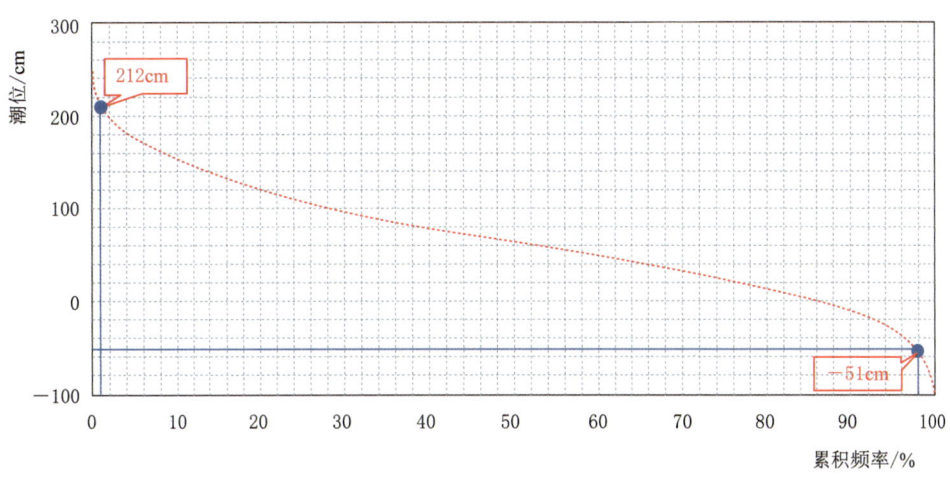

图7-6 周年潮位站逐时潮位累积频率

2. 重现期水位

参考实测数据以及场区附近潮站的多年观测资料，依据相关经验公式进行推算，并结合高潮相关关系与低潮相关关系，可得到不同重现期的潮位计算结果。某场区的设计水位与重现期水位见表7-6。

表 7-6　　某场区设计水位与重现期水位

序 号	项　　目	水位/cm
1	100 年一遇高水位	380
2	极端高水位（50 年一遇高潮位）	354
3	设计高水位（高潮累积频率 10％潮位）	212
4	设计低水位（低潮累积频率 90％潮位）	−51
5	极端低水位（50 年一遇低潮位）	−142
6	100 年一遇低水位	−192

7.1.3　波浪参数

在实际工程中，通过对波浪观测站的观测数据进行分析，能够获取场区长达一年的以下波浪实测数据，包括波高、周期、波向等波浪要素。以某风场区域为例，表 7-7 展示了该区域各月波高及周期的平均值和最大值的统计数据。

表 7-7　　某场区各月波浪参数平均值与最大值统计表

特征值		H_m	T_m	$H_{1/10}$	$T_{1/10}$	H_s	T_s	H_z	T_z
单位		cm	s	cm	s	cm	s	cm	s
2015.05	平均值	186.6	5.6	133.8	5.6	107.1	5.5	67.9	4.5
	最大值	350.0	7.9	206.0	6.9	166.0	6.7	104.0	5.5
2015.06	平均值	165.1	5.2	117.9	5.2	94.4	5.1	60.0	4.2
	最大值	550.0	19.4	321.0	11.9	267.0	11.3	166.0	8.3
2015.07	平均值	183.6	6.8	132.2	6.7	105.5	6.4	66.5	4.9
	最大值	573.0	15.5	372.0	14.2	297.0	12.4	187.0	7.7
2015.08	平均值	124.1	7.0	89.3	6.8	71.0	6.3	44.5	4.8
	最大值	305.0	16.9	175.0	14.9	139.0	13.5	89.0	10.2
2015.09	平均值	117.3	5.6	83.6	5.5	66.9	5.1	42.8	4.0
	最大值	303.0	14.9	206.0	11.3	165.0	10.7	105.0	7.1

注　H_m 表示最大波高，$H_{1/10}$ 为最大 10％波浪的波高平均值，H_s 为有效波高，H_z 为平均波高，T_m、$T_{1/10}$ 为相应的波浪周期。

此外，关于波浪的方向分布，可以借助波浪玫瑰图来呈现波浪的方向频率分布情况。某测站的波浪玫瑰图如图 7-7 所示。

由图 7-7 可知，在周年观测期间，常浪向主要为 ESE，出现的时间为 2016 年 10 月至 2017 年 3 月以及 2017 年 5 月；2016 年 6 月、8 月和 9 月的常浪向为 SSE；2016 年 7 月常浪向为 S；2017 年 4 月常浪向为 SE。次常浪向主要为 SE，出现在 2016 年 6 月、8 月、9 月、11 月、12 月以及 2017 年 1 月、2 月、3 月、5 月；2016 年 7 月的次常浪

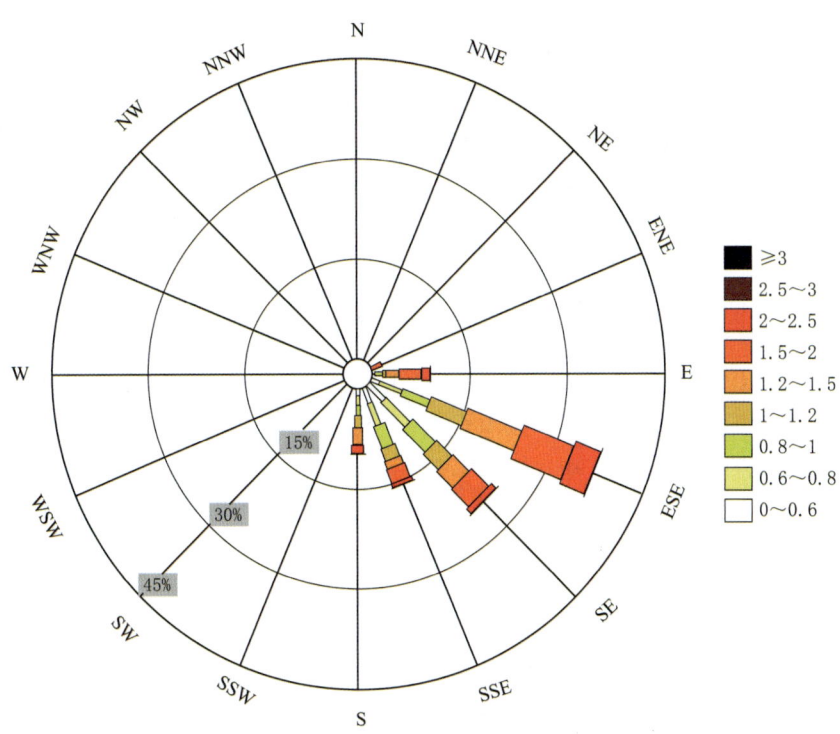

图 7-7　周年测站 $H_{1/10}$ 波高玫瑰图（2016 年 6 月—2017 年 5 月）

向为 SSE；2016 年 10 月的次常浪向为 E；2017 年 4 月的次常浪向为 ESE。

除此之外，波高和波周期的联合分布也是重要的波浪统计数据。一般来说，对于某风场，其观测期间有效波高与其对应周期（H_s-T_s）的联合概率分布可通过类似于表 7-8 的形式来展示。在表 7-8 中，全年测得的波浪样本数为 8444，其中 H_m-T_m、$H_{1/10}$-$T_{1/10}$、H_s-T_s 和 H_z-T_z 主要分布在波高 75～225cm、50～175cm、25～150cm 和 25～100cm，周期为 3～9s、4～8s、4～8s 和 3～6s 的范围内，出现频率分别为 80.20% 和 92.52%，86.57% 和 85.21%，93.93% 和 88.64%，91.78% 和 93.30%。基于表 7-8 所展示的数据，可以对场区波浪中不同波高和周期组合的发生频率进行评估，这有助于对结构疲劳进行精确的预测和评估。

与风资源评估类似，基于年度实测波浪数据，需要推算出场址附近海域各重现期的波浪参数，将其作为设计的输入参数。一般而言，这些波浪参数主要包括 100 年、50 年、5 年一遇的波要素等。另外，由于海上风电场的风机机位较多，分布海域广阔，上述方法往往难以精确分析不同桩基位置的波浪条件，而且所参考的重现期波要素往往与工程实际场区存在一定的偏差。因此，通常需要进一步开展场址设计波浪的分析计算专题研究，为工程设计提供可靠合理的依据。表 7-9 展示了某海上风电场场址附近海域重现期波浪要素（20m 水深）的情况。

第7章 风机荷载

表7-8 有效波高与其对应周期 (H_s-T_s) 联合概率分布表（全年）

H_s/cm \ T_s/s	[0, 1)	[1, 2)	[2, 3)	[3, 4)	[4, 5)	[5, 6)	[6, 7)	[7, 8)	[8, 9)	[9, 10)	[10, 11)	[11, 12)	[12, 13)	[13, 14)	[14, 15)	[15, +∞)	合计 %
0~25			0.04	0.17	0.07	0.21	0.06	0.04	0.04								0.62
25~50			0.07	2.29	5.25	2.64	0.85	0.18	0.07	0.04							11.39
50~75			2.82	8.33	6.18	4.09	2.43	0.78	0.20	0.14	0.01	0.02					25.06
75~100			0.62	8.34	9.53	4.38	2.65	0.97	0.40	0.05	0.05	0.08	0.04				27.08
100~125			0.01	2.76	9.66	4.19	2.29	0.76	0.32	0.06	0.02	0.18					20.31
125~150				0.69	3.69	3.13	2.16	0.25	0.08	0.02	0.08	0.04					10.09
150~175				0.27	0.78	1.31	0.98	0.08			0.04						3.43
175~200				0.04	0.15	0.37	0.14	0.04									0.70
200~225					0.05	0.23	0.17	0.08	0.02								0.47
225~250					0.05	0.07	0.09	0.04	0.01		0.01						0.32
250~275						0.01	0.05	0.06									0.11
275~300							0.06	0.01	0.01								0.08
300~325							0.02		0.01								0.03
325~350								0.01	0.01								0.02
350~375							0.01	0.01	0.01								0.03
375~400																	
400~425								0.02		0.02							0.04
425~450							0.01	0.01	0.04	0.14							0.19
>450																	
合计			0.11	5.90	25.73	32.96	18.69	11.26	3.17	1.15	0.45	0.20	0.32	0.06			100

表 7-9　　　　　　　　　场址附近海域重现期波浪要素（20m 水深）

重现期	波向	$H_{1\%}/m$	$H_{13\%}/m$	T/s
100 年	SE	13.40	9.90	12.9
	S	12.60	9.30	12.5
	SW	8.90	6.20	10.2
50 年	SE	12.50	9.20	12.4
	S	11.80	8.60	12
	SW	8.40	5.80	9.9
5 年	SE	9.20	6.40	10.4
	S	8.60	6.00	10
	SW	6.20	4.20	8.4

注　$H_{1\%}$ 为最大 1% 波浪的波高平均值；$H_{13\%}$ 为最大 13% 波浪的波高平均值；T 为波浪周期。

7.1.4　海流参数

为了探究特定工程海域的海流特性，需要在场址海域开展冬、夏季全潮水文测验工作。具体而言，需布设海流观测站，对包括流速、流向、悬沙含量、温度和盐度等在内的场区数据进行观测。通常情况下，海流是一种包含潮流成分的综合流动，从实测海流中分离出潮流部分后，剩余的非周期性流动即为余流，余流会受到风、海水密度分布不均匀性、大陆径流、海底地形以及岸线走向等多种因素影响。通过夏季和冬季短期验潮站的潮位数据，分别运用最小二乘法进行潮汐调和分析，能够确定潮流的性质，如不正规半日混合潮。通过计算潮流的椭圆旋转率 K 值，可以判断潮流的运行形式，如旋转流或往复流。

此外，还需要观测平均流速及流向等相关数据。某场区全潮水文观测测点位置的示意图如图 7-8 所示，该场区夏季观测海域涨、落平均流向的统计数据见表 7-10，夏季各测站潮段平均流速的统计数据见表 7-11。

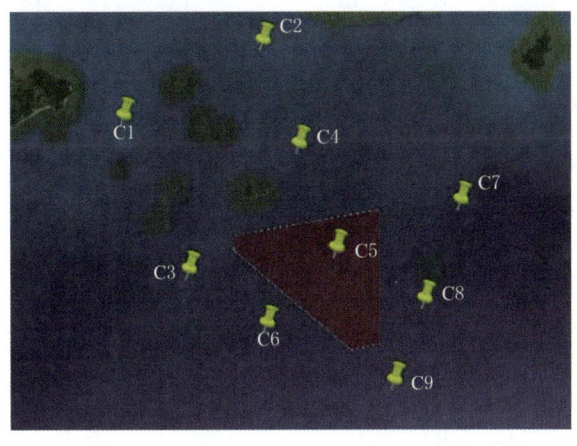

图 7-8　某场区全潮水文观测测点位置示意图

表 7-10　　　　　　　　夏季观测海域涨、落潮平均流向统计表

站名	涨潮/(°)				落潮/(°)			
	大潮	中潮	小潮	平均	大潮	中潮	小潮	平均
C1	314	304	298	306	151	152	177	160
C2	302	313	257	291	155	132	173	154
C3	319	298	279	299	135	154	155	148
C4	309	297	268	291	127	146	168	147
C5	308	322	279	303	139	156	156	150
C6	329	295	272	299	128	147	165	147
C7	314	304	286	302	141	140	167	149
C8	309	301	276	295	136	140	167	148
C9	326	304	266	298	140	151	164	152
平均	315	304	276	298	139	146	166	150

表 7-11　　　　　　　　夏季各测站潮段平均流速统计表

站名	涨潮/(cm/s)				落潮/(cm/s)			
	大潮	中潮	小潮	平均	大潮	中潮	小潮	平均
C1	13.4	12.1	20.9	15.5	15.2	13.8	18.6	15.9
C2	16.5	17.6	23.0	19.0	16.8	8.4	18.5	14.6
C3	13.5	12.0	22.3	15.9	21.4	11.7	12.0	15.0
C4	14.0	13.7	23.0	16.9	20.5	12.7	12.5	15.2
C5	15.6	14.1	21.0	16.9	23.1	10.7	10.9	14.9
C6	15.9	13.2	272	16.7	21.2	12.0	11.1	14.8
C7	15.0	15.1	21.0	17.0	23.5	15.4	11.0	16.6
C8	14.2	14.8	25.0	18.0	24.0	13.6	13.9	17.2
C9	16.8	13.2	22.3	17.4	21.2	13.3	11.9	15.5
平均	15.0	14.0	22.2	17.0	20.8	12.4	13.4	15.5

同样，为便于表达海流流向分布，可以绘制相应的流玫瑰图，也可以绘制流速矢量图，如图 7-9 所示。

另外，就流速而言，通常海水表面的流速最大，流速沿水深逐渐衰减。实际测量时，通常测量 3 个水深处的海流流速，依据已有规范中的经验公式，可以拟合出流速沿水深的分布情况。图 7-10 展示了某场区流速沿水深的分布。

根据海港水文规范，海流的可能最大流速可选取潮流可能最大流速与风海流可能最大流速的矢量和。根据海流的实测值，可以可对潮流可能最大流速进行估算，并进

7.1 荷载参数

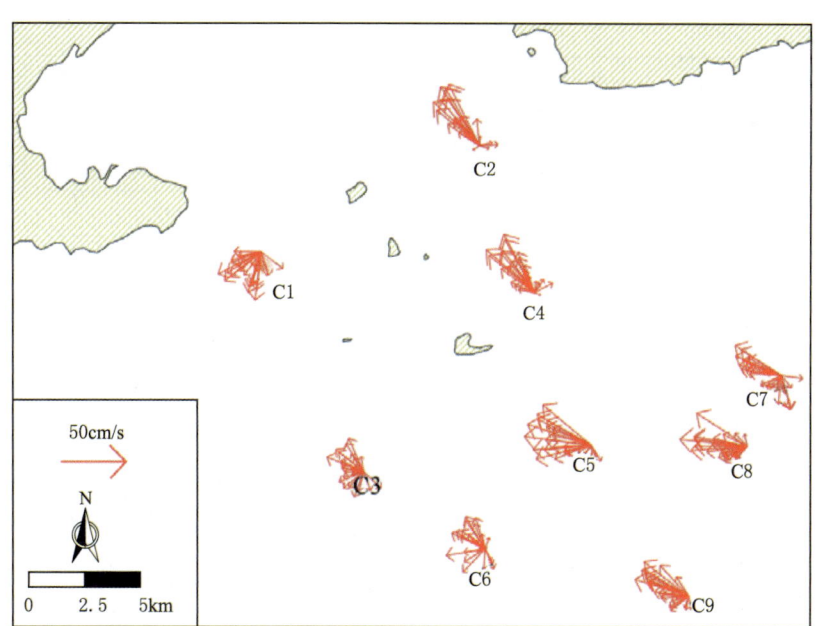

图 7-9 某场区大潮垂线平均流速矢量图（上层水体）

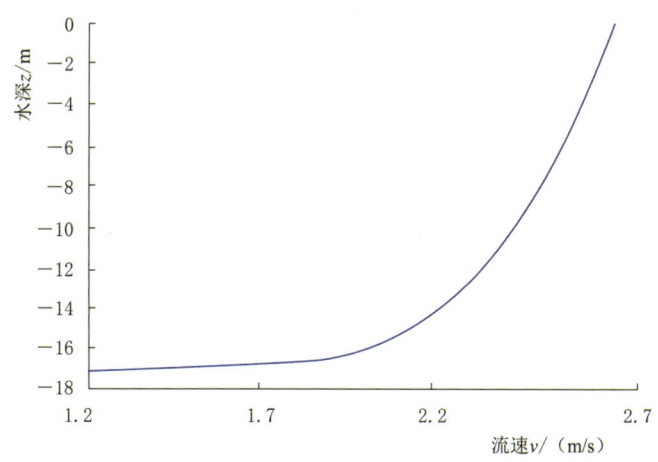

图 7-10 某场区某位置流速剖面图

一步开展多个重现周期的海流流速研究。某场区不同重现期海流流速的统计数据见表 7-12。

表 7-12　　　　　　　不同重现期海流流速统计表　　　　　　单位：cm/s

重现期	最大可能潮流流速	100 年一遇海流流速	50 年一遇海流流速	5 年一遇海流流速	2 年一遇海流流速
表层	78.2	230.4	218.8	159.8	134.1
$0.6H$	60.5	163.4	155.5	115.7	98.3

续表

重现期	最大可能潮流流速	100年一遇海流流速	50年一遇海流流速	5年一遇海流流速	2年一遇海流流速
底层	40.8	110.8	105.5	78.3	66.5
垂向	59.9	167.7	159.5	117.7	99.5

7.1.5 地质参数

海上风电场进行地质勘察的最主要目的是查明场区的工程地质条件和水文地质条件，以此判断场区地质的稳定性和适宜性，为风机基础和海上升压站基础的设计提供工程地质和水文地质方面的依据。具体来说，最重要的是包括拟建场区勘探深度内岩土层的埋藏条件、土层组成及结构、形成时代和成因类型、物理力学性质、工程特性以及分布规律等，并提供各土层的物理力学性质指标，用于分析和评价地基的稳定性、均匀性以及承载力。

通常而言，海上风电场的地质勘察报告主要包含以下关键数据：海域海床土体各土层的力学性能指标以及各个钻孔测点的土层剖面分布，通过这些数据可以初步评估各钻孔点处桩基的承载力。

1. 地基土的构成与特征

根据某海上风电场钻孔所揭示的地层结构、岩性特征、埋藏条件以及物理力学性质，并结合室内试验和区域地质资料，可以获取勘探深度内部分土层的相关参数，示例如下（通常自上而下进行土层分述，以下仅列举部分上部土层）：

(1) ①-1层淤泥质粉质黏土。灰色，流塑状态，局部混杂少量粉土，含有机质，有臭味，局部可见贝壳碎屑。静探锥尖阻力 $q_c = 0.18 \sim 0.30$MPa，平均值为 0.24MPa；侧摩阻力 $f_s = 2.96 \sim 5.10$kPa，平均值为 3.66kPa。实测标贯锤击数 $N = 1 \sim 4$击/30cm，平均值为 1.6击/30cm。该土层在地层空间范围内全场分布，层顶标高在 $-41.20 \sim -32.50$m，层厚为 $4.90 \sim 12.90$m。

(2) ①-2层淤泥质粉质黏土夹粉土。灰色，流塑，局部为软塑，夹有粉土及少量粉砂，含有机质，有臭味，局部可见贝壳碎屑。静探锥尖阻力 $q_c = 0.81 \sim 1.98$MPa，平均值为 1.27MPa；侧摩阻力 $f_s = 11.99 \sim 28.12$kPa，平均值为 18.18kPa。实测标贯锤击数 $N = 1 \sim 5$击/30cm，平均值为 3.1击/30cm。该土层在地层空间范围内全场分布，层顶埋深 $4.90 \sim 16.90$m 之间，层顶标高为 $-54.45 \sim -39.50$m，层厚为 $1.70 \sim 19.30$m。

(3) ①-夹层粉土。灰色，很湿，呈松散至稍密状态，混杂少量淤泥质土，摇震反应迅速。静探锥尖阻力 $q_c = 3.59 \sim 4.39$MPa，平均值为 4.01MPa；侧摩阻力 $f_s =$

48.35～69.58kPa，平均值为 58.95kPa。实测标贯锤击数 $N=3\sim9$ 击/30cm，平均值为 7.3 击/30cm。该土层在地层空间范围内部分分布，层顶埋深在 8.30～20.10m 之间，层顶标高－55.35～－44.65m，层厚为 0.90～5.20m。

（4）②-a 层粉质黏土。呈灰色，流塑至软塑状态，局部含有较多的粉土及粉砂，可见贝壳碎屑。其静探锥尖阻力 $q_c=0.84\sim1.81$MPa，平均值为 1.40MPa；侧摩阻力 $f_s=12.46\sim30.67$kPa，平均值为 21.17kPa。实测标贯锤击数 $N=3\sim10$ 击/30cm，平均值为 6.6 击/30cm。该土层在地层空间范围内大部分分布，层顶埋深在 12.40～31.80m 之间，层顶标高为－67.80～－45.70m，层厚为 1.60～18.50m。

2. 地基土的物理力学性质指标

相应地，在地质勘察工作中，通过现场开展的标准贯入试验及静力触探孔，可获取以下地质参数，具体详见表 7-13、表 7-14。

表 7-13　　　　　　　　　　标贯试验成果统计表

土层编号	土层名称	范围值/(击/30cm)	平均化值/(击/30cm)	统计个数
①-1	淤泥粉质黏土	1～4	1.6	57
①-2	淤泥粉质黏土夹粉土	1～5	3.1	54
①-夹	粉土	3～9	7.3	10
②-3	粉质黏土	6～15	10.2	11
②-a	粉质黏土	3～10	6.6	70
②-b	粉砂	12～21	17.0	10
②-c	粉质黏土混粉砂	6～12	9.5	15
③-1	砾砂	19～44	31.6	13
③-2	粉质黏土	8～15	10.7	32
③-3a	粉砂	13～30	24.6	26
③-3b	粉质黏土混粉砂	10～19	14.9	12
③-夹	粉质黏土	10～11	10.7	3
④-1	粉质黏土	11～19	14.5	18
④-2a	粉质黏土	7～15	10.9	21
④-2b	粉质黏土混粉砂	10～18	14.8	9
④-3	中砂	30～69	41.0	24
⑤-a	粉砂混粉质黏土	15～27	22.1	15
⑤-b	粉质黏土	10～20	14.6	47
⑤-c	黏土	10～17	14.6	9
⑥-1	粉砂	21～48	32.1	22

表 7-14　　　　　　　　　静探试验锥尖阻力、侧摩阻力成果统计表

土层编号	土层名称	锥尖阻力范围值 q_c /MPa	锥尖阻力平均值 q_c /MPa	侧摩擦阻力范围值 f_s /kPa	侧摩擦阻力平均值 f_s /kPa
①-1	淤泥粉质黏土	0.18~0.30	0.24	3.0~5.1	3.7
①-2	淤泥粉质黏土夹粉土	0.81~1.98	1.27	12.0~28.1	18.2
①-夹	粉土	3.59~4.39	4.01	48.4~69.6	58.9
②-3	粉质黏土	2.91~2.91	2.91	78.6~78.6	78.6
②-a	粉质黏土	0.84~1.81	1.40	12.5~30.7	21.2
②-b	粉砂	6.99~9.43	8.21	102.9~127.9	115.4
②-c	粉质黏土混粉砂	1.60~4.87	3.32	28.0~86.6	51.2
③-1	砾砂	19.31~27.39	21.61	109.0~258.6	178.6
③-2	粉质黏土	1.60~2.37	1.97	25.7~38.1	32.5
③-3a	粉砂	4.64~14.47	9.56	63.5~127.1	95.3
③-3b	粉质黏土混粉砂	3.35~6.88	5.17	50.7~116.6	88.8
③-夹	粉质黏土	4.23~4.23	4.23	94.4~94.4	94.4
④-1	粉质黏土	2.09~2.53	2.26	25.7~38.9	34.8
④-2a	粉质黏土	2.01~2.01	2.01	23.8~23.8	23.8
④-2b	粉质黏土混粉砂	3.35~4.44	3.86	46.8~62.8	55.4
④-3	中砂	27.07~35.01	30.58	151.1~247.5	184.9
④-夹	粉砂	9.56~23.46	16.51	80.4~95.7	88.1
⑤-a	粉砂混粉质黏土	6.64~14.30	9.83	106.0~271.5	163.3
⑤-b	粉质黏土	1.96~4.60	3.60	24.6~99.6	72.4
⑤-c	黏土	2.17~3.75	2.81	28.1~60.8	45.3
⑥-1	粉砂	16.79~16.79	16.79	250.4~250.4	250.4
⑥-2	粉质黏土夹粉砂	2.16~2.16	2.16	32.1~32.1	32.1
⑥-3a	粗砂	25.78~38.86	33.67	53.2~270.5	156.9
⑥-3b	粉砂	12.76~12.76	12.76	156.1~156.1	156.1

而针对每个机位进行的钻探测试，能够获得各个孔位的土层参数，某海上风电场某机位的钻孔柱状图如下图 7-11 所示。

7.1 荷载参数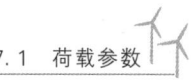

工程名					工程编号		钻孔编号	ZK03	X坐标/m	2471344.29
Y坐标/m	605394.83	孔口高程/m	−33.75	终孔深度/m	96.00	开孔日期	2020-6-11		终孔日期	2020-6-12
开孔直径/m	0.11	终孔直径/m	0.11	初始水位/m		稳定水位/m			承压水位/m	

地层编号	地层名称	高程/m	深度/m	厚度/m	柱状图图例 1:450	地 层 描 述	取样编号		
①-1	淤泥质粉质黏土	−44.85	11.10	11.10		淤泥质粉质黏土：灰色，流塑，局部混少量粉土，含有机质，味臭，局部可见贝壳碎屑		▽2	
①-2	淤泥质粉质黏土夹粉土	−49.25	15.50	4.40		淤泥质粉质黏土夹粉土：灰色，流塑，局部软塑，夹粉土及少量粉砂，含有机质，味臭，局部可见贝壳碎屑		▽1	
②-a	粉质黏土	−54.85	21.10	5.60		粉质黏土：灰色，流塑～软塑，局部含较多粉土及粉砂，可见贝壳碎屑	1	▽3 ▽9	
②-3	粉质黏土	−59.45	25.70	4.60		粉质黏土：灰、青灰色，可塑，局部含较多粉砂及少量粉土	2	▽15	
③-2	粉质黏土	−68.15	34.40	8.70		粉质黏土：灰色，软可塑，局部硬可塑，夹粉砂、粉土薄层	3	▽15	
③-3a	粉砂	−70.05	36.30	1.90		粉砂：灰色，饱和，中密，局部稍密，含粉土、黏性土团块	4		
③-3b	粉质黏土混粉砂	−74.45	40.70	4.40		粉质黏土混粉砂：灰色，硬可塑，以黏性土为主，混有大量粉砂，黏性土与粉土、粉砂呈无规律交替沉积分布	5 6	▽19	
④-1	粉质黏土	−83.15	49.40	8.70		粉质黏土：青灰、灰褐色，软可塑为主、局部硬可塑，夹薄层粉砂			
⑤-a	粉砂混粉质黏土	−84.55	50.80	1.40		粉砂混粉质黏土：灰，饱和，中密～密实，摇震反应迅速，含云母碎屑	7 8		
⑤-c	黏土	−88.35	54.60	3.80		黏土：青灰色，硬可塑，切面光滑			
⑥-3a	粗砂	−98.25	64.50	9.90		粗砂：灰黄、浅灰色，饱和，密实，混砾石，局部含细粒质土		▽40	
⑥-3b	粉砂	−101.05	67.30	2.80		粉砂：灰色，饱和，密实，夹粉土，局部夹黏土团块，含少量粗砂	9 10	▽34	
⑥-3c	粗砂混粉质黏土	−105.05	71.30	4.00		粗砂混粉质黏土：灰、灰黄色，饱和，密实，含大量黏粒，局部与黏性土互层			
⑦-2b	粉质黏土混粉砂	−109.85	76.10	4.80		粉质黏土混粉砂：色，硬可塑，以黏性土为主，黏性土与粉土、细砂呈无规律交替沉积分布			
⑦-2a	粉质黏土夹粉砂	−112.95	79.20	3.10		粉质黏土夹粉砂：灰色，硬可塑，局部夹粉砂粉土，互层状	11	▽44	
⑦-3a	粗砂	−121.45	87.70	8.50		粗砂：浅灰色，饱和，密实，含少量黏土			
⑦-3b	粉砂	−124.15	90.40	2.70		粉砂：灰色，饱和，密实，夹黏土团块			
⑦-3a	粗砂	−129.75	96.00	5.60		粗砂：浅灰色，饱和，密实，含少量黏土	12	▽43	

注：图中"▽"表示位置高程或深度，后面数字表示标贯实测锤击数。如"▽2"表示在此高程或深度下，标贯实测锤击数为2。

图 7-11 某风机孔位钻孔柱状图

第 7 章 风机荷载

7.2 荷载计算

7.2.1 风荷载

对于风机结构的设计，作用于在风机塔筒以及下部风机基础上的风荷载可依据相关规范进行计算。根据《浅海钢质固定平台结构设计与建造技术规范》（SY/T 4094—2012），风荷载 F 可按下式进行计算：

$$F = KK_z P_0 A \tag{7-1}$$

式中 F——风荷载，N；

K——风荷载形状系数，梁及建筑物侧壁取 1.5，对圆柱体侧壁取 0.5，对平台总投影面积取 1.0；

K_z——海上风压高度变化系数；

P_0——基本风压，Pa；

A——受压面积，即垂直于风向的轮廓投影面积，m^2。

基本风压 P_0 按照下式进行计算：

$$P_0 = \alpha v_t^2 \tag{7-2}$$

式中 α——风压系数，取 0.613；

v_t——平均海平面以上 10m 处时距为 t_{min} 的设计风速，用于单独构件基本风压计算时，采用时间间隔 3s 内的最大阵风风速 v_{3s}，用于结构总体基本风压计算时，采用时距为 1min 的最大持续风速 v_{1m}。

7.2.2 风电机组荷载

风电机组荷载是指由风电机组自上而下通过塔筒传递至风机基础的荷载。目前，计算风电机组荷载的方法主要有动量理论、叶素-动量理论和 CFD 模拟等。其中，叶素-动量理论模型相对比较简单，计算量也较小，在实际工程中被广泛应用于风力机的设计和性能计算。

风电机组荷载通常由风机制造商提供，在进行计算分析时，应建立一个包含风机-塔筒-下部基础的水动力-气动力-伺服控制-弹性反应的整体模型，同时考虑风浪的耦合效应。根据 IEC 61400-3、*Guideline for the Certification of Offshore Wind Turbines*（GL-2012）以及 GB/T 18451.1—2012 等相关规范的要求，海上风力发电机组的荷载计算应至少包括正常发电、发电兼有故障、启动、正常关机、紧急关机、停机（静止或空转）、停机兼有故障、运输-安装-维护-修理等 8 个设计状态，且每个设计状态下又包含不同的设计荷载工况，需要进行大量的计算分析。

风机制造商一般会提供塔筒底部法兰面的风机荷载作为下部风机基础的设计荷载，海上风电机组上部结构传至塔筒底部与基础顶部交界面的荷载效应，宜用荷载标准值来表示，包括正常运行荷载、极端荷载和疲劳荷载三类。正常运行荷载是风力发电机组正常运行时的最不利荷载效应；极端荷载是除运输安装外的所有设计荷载工况（DLC）中的最不利荷载效应；疲劳荷载是海上风机整个生命周期内所有疲劳极限状态对应设计荷载状况中的荷载总体效应。

表 7-15、表 7-16 所示为国内某 5.5MW 及 6.45MW 风机机型下部基础风机荷载的参考设计资料。一般而言，会选取塔筒底部法兰面处的力以及力矩作为风机基础设计的风机荷载。

表 7-15　5.5MW 机型法兰面风机荷载标准值（不带安全系数）

基础形式	荷载类型	水平力 F_x/kN	水平力 F_y/kN	竖向力 F_z/kN	水平力矩 M_x/(kN·m)	水平力矩 M_y/(kN·m)	水平力矩 M_z/(kN·m)
导管架基础	正常发电（最大倾覆力矩）	965.9	−25.2	−7993.7	4811.8	59139.2	1400.2
	极端荷载（最大倾覆力矩）	−1305.1	−2267.1	−7481.7	170077.9	−105210.1	19230.0
	等效疲劳荷载（25 年等效循环次数 $N=1.0\times10^8$，$m=5$）	257.5	114.0	−156.8	−6116.1	17481.4	5425.0

表 7-16　6.45MW 机型法兰面风机荷载标准值（不带安全系数）

基础形式	荷载类型	水平力 F_x/kN	水平力 F_y/kN	竖向力 F_z/kN	水平力矩 M_x/(kN·m)	水平力矩 M_y/(kN·m)	水平力矩 M_z/(kN·m)
导管架基础	正常发电（最大倾覆力矩）	1133.3	−70.3	−8669.6	11961.0	75866.0	816.9
	极端荷载（最大倾覆力矩）	−42	−2510.7	−8054.2	198783.0	−55273.0	18575.0
	等效疲劳荷载（25 年等效循环次数 $N=1.0\times10^8$，$m=5$）	335.3	183.0	−185.5	−10984.3	24470.0	6135.3

7.2.3　波浪荷载

波浪理论皆是建立在波浪的流体动力学控制方程和边界条件基础上的。波浪速度势所满足的边界条件呈非线性，根据流场求解中处理方式的差异，可以将波浪理论划分为线性波浪理论（Airy 波理论）、Stokes 二阶波浪理论、Stokes 五阶波浪理论、孤立波理论、椭圆余弦波理论、流函数理论以及随机波浪理论等。

为了计算波浪作用于结构上的流体动力荷载，首先必须选取适宜的波浪理论。图 7-12 展示了各种确定性波浪理论适用范围的选择依据，其横坐标为水深无量纲数，纵坐标为波高无量纲数。通过计算指定机位的波高和水深无量纲数，并将其带入该图，便可查得该点所处的位置，进而根据图中划分的范围选择合适的波浪理论。随后，应用相关波浪理论公式计算流场的分布情况，包括水质点的速度和加速度等，以此作为计算波浪力的依据。确定作用在海洋工程结构上的波浪荷载一般可采用确定性方法和随机分析方法。

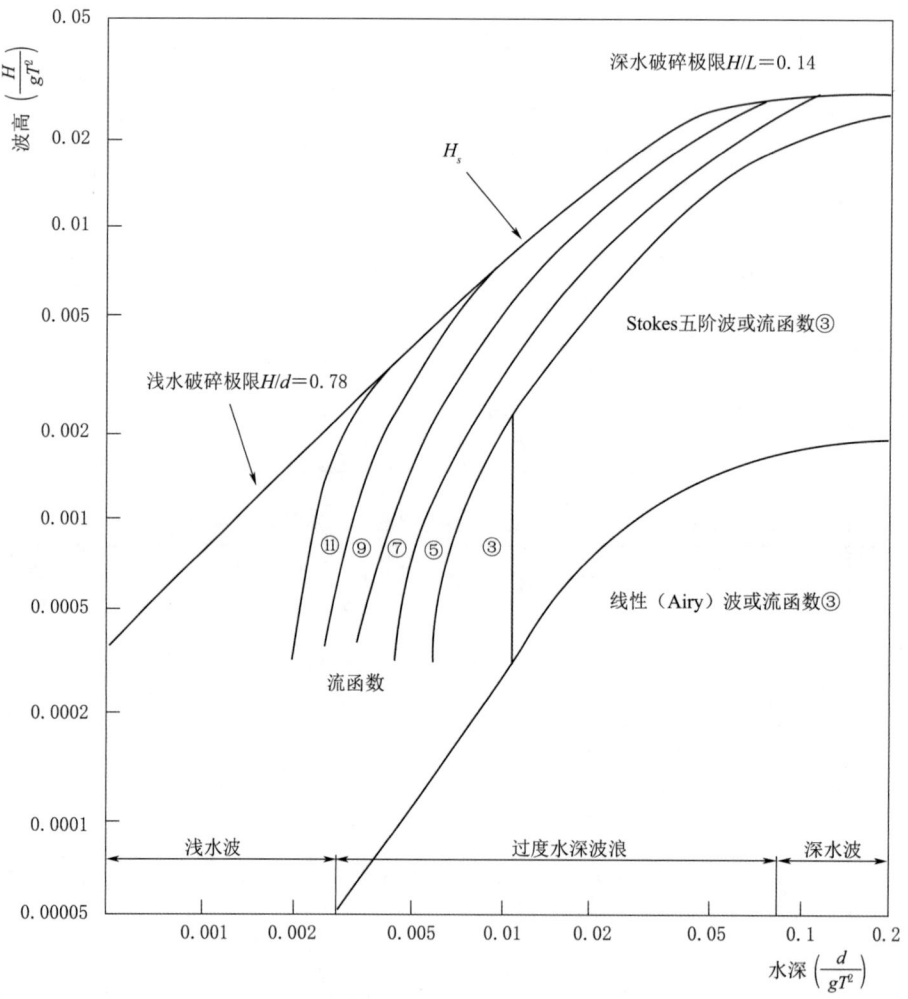

图 7-12　流函数、Stokes 五阶波和线性理论的适用范围示意图

H—波高，m；d—水深，m；g—重力加速度，m/s²；T—周期，s；L—波长，m；H_s—有效波高，m；③、⑤、⑦、⑨、⑪—流函数的阶数

确定性方法采用确定的波浪要素（如波高、波长和周期等）来代表海域特定环境下的波浪特征，由波浪理论来描述波浪的响应特征，并利用流体力学方法计算波浪与结构的相互作用问题，即所谓的设计波法。该方法计算相对简便，使用较为方便，是海上平台规范中规定的波浪力计算方法之一。

随机分析方法是基于海况的波浪概率统计特征进行分析，该方法认为实际海面不规则波浪可近似地由许多具有随机相位的简谐波叠加而成，用海浪谱来体现各个波在波频上的能量分布。通过此方法，可以在某一置信度内得到结构的最大位移、应力等响应结果，即所谓的设计谱法，海洋工程结构物的疲劳分析常采用此方法。

波浪荷载是海上风机支撑结构所承受的主要荷载之一，它对风机支撑结构的强度和疲劳寿命起着至关重要的作用。流荷载也是进行风机基础极限强度和局部构件强度校核的重要荷载，且波流具有相互作用效应，在设计时应考虑海流影响下的波浪要素。在海洋工程结构设计过程中，一般根据结构的尺度大小来选取相应的波浪荷载计算方法。主要分为两种：对于与入射波波长相比尺度较小的结构物，通常采用 Morison 公式进行波浪力计算；而当结构尺度较大时，结构本身对波浪运动具有显著影响，此时则需采用绕射理论来计算波浪力。

Morison 方程是一个半经验公式，能够很好地计算出作用在小直径柱体上的波流力大小。此方程认为波流力是水流经过物体时速度引起的阻力和水体加速度引起的惯性力的线性叠加。阻力是绕流时水质点运动速度突然变化而形成的，与速度平方和阻水面积成正比；惯性力与水质点原有轨迹运动的加速度以及被物体排开水体的质量成正比。作用在单位长度桩柱上波流力的计算公式如下：

$$f(t) = f_D(t) + f_I(t) = \frac{1}{2}\rho_w C_D D u(t)|u(t)| + C_M \rho_w \frac{\pi}{4}D^2 a(t) \quad (7-3)$$

式中　C_D——速度力系数；

　　　C_M——惯性力系数；

　　　ρ_w——海水密度，kg/m^3；

　　　D——桩柱等效直径，m。

为了获得整个桩柱的波流力，需要沿着桩柱长度方向进行积分，从而得到总波流力。静水面以下圆柱构件（单元）的波流力可以沿着长度方向直接积分，而对于水线交界处的构件，需要考虑波面变化的影响，积分到瞬时波面位置。水下构件的单元波流力积分公式为：

$$F(t) = \int_0^L \left[\frac{1}{2}\rho_w C_D D u(t)|u(t)| + C_M \rho_w \frac{\pi}{4}D^2 a(t) \right] dL \quad (7-4)$$

式中　L——单元长度。

若杆件为倾斜的，通常可以仅考虑与杆件垂直的法向速度和加速度的影响，也即忽略切向速度力和惯性力。

应用 Morison 方程中的一个关键问题是速度力系数 C_D 和惯性力系数 C_M 的确定。目前，国内外许多学者开展了这方面的物理模型试验研究工作，但该方面的理论模型尚不完善，由于国内外相关规范都对不同类型结构物的 Morison 方程系数取值进行了规定，使得各个规范的具体取值略有不同。

由于 Morison 公式较为简洁，且在以往海上风电行业的发展过程中，最主要的单桩、导管架基础结构尺寸均满足 Morison 公式的使用条件，故在实际工程设计过程中，往往采用 Morison 公式来开展结构波浪荷载计算。而当前，随着海上风机结构的大型化，单桩基础直径超过 8.5m，并向 10m 直径以上发展，Morison 公式将不再适用，需采用绕射理论来计算波浪力。

7.2.4 海流荷载

对于海流荷载，与 Morison 公式相仿，圆形构件单位长度上的海流荷载可依据以下公式进行计算：

$$f_W = \frac{1}{2}\rho C_W A V^2 \tag{7-5}$$

式中　f_W——海流荷载，N/m；

ρ——海水密度，kg/m³；

C_W——阻力系数，可参照相关规范选取；

A——单位长度构件垂直于海流方向的投影面积，m²；

V——设计海流流速，m/s。

7.2.5 船舶撞击荷载

船舶撞击的过程是船舶动能转化为结构应变能的过程。船舶撞击力的计算理论主要有三种：动量理论、动能理论和振动理论。动量理论依据刚体碰撞时动量的变化等于其冲量的原理来计算船舶撞击力，但其存在的主要问题是：实际船舶碰撞并非刚体碰撞，碰撞的时间有较大的人为假定性；振动理论根据碰撞过程中船舶与结构发生弹性振动的原理来计算船舶撞击力，其计算理论较为完善，但计算过程较为烦琐，且有些参数难以确定。在实际工程和技术研究中，动能理论被更为广泛地应用于船舶碰撞计算。

《港口工程荷载规范》（JTS 144—1）采用动能理论来计算船舶靠泊码头时的撞击力，即船舶撞击码头时产生的有效撞击能量，通过防撞设施、码头和船舶的变形全部转化为外力所做的功。对于海上风机基础的船舶碰撞分析，目前准确计算船舶撞击力较为困难，通常船舶撞击荷载需要通过模型试验来确定。

海上风机基础船舶撞击分析应同时考虑运维船舶的撞击力和最恶劣的风浪流海洋环境条件，在计算船舶撞击力时应包括附加质量的影响。海上风机基础的船舶撞击分析主要包括两大部分，一部分是运维船舶正常操作碰撞分析（ULS工况），另一部分是运维船舶事故碰撞分析（ALS工况）。参照国内相关规范，作用在风机基础上的船舶撞击荷载近似等于：

$$F_{\text{boat,impact}} = \gamma V \sin\alpha \sqrt{\frac{W}{C_1 + C_2}} \quad (7-6)$$

式中　$F_{\text{boat,impact}}$——撞击力，kN；

γ——动能折减系数，$s/m^{0.5}$，当船只斜向撞击（指船只行驶方向与撞击点处结构表面法线方向不一致）时可取0.2，正向撞击（指船只行驶方向与撞击点处结构表面法线方向一致）时可取0.3；

V——船只撞击时的速度，m/s；

α——船只驶近方向与撞击点处切线所成的夹角，应根据具体情况确定，如不能确定，可采用$\alpha=20°$；

W——船只重量，kN；

C_1、C_2——船只弹性变形系数和墩台的弹性变形系数，缺乏资料时可假定$C_1+C_2=0.0005\text{m/kN}$。

7.3　工　况　组　合

7.3.1　设计荷载组合工况

海上风机基础的设计分析涵盖多个工况，需要分别针对临时设计条件和运行设计条件展开计算分析。临时设计条件主要涵盖运输、组装、维护、修理以及拆除等方面；运行设计条件主要指上部风机安装完成后的稳态条件（如发电、停机等）和瞬态条件（如启动、关机等）。在这两种设计条件下，都包含承载能力极限状态、正常使用极限状态、偶然极限状态以及疲劳极限状态，而每种极限状态又包括了不同的设计荷载组合工况，在不同的设计条件下，需要选择适宜的标准荷载或标准荷载效应进行组合。

海上风机基础的设计荷载工况包括承载能力极限工况、正常使用极限工况、偶然极限工况（包含地震工况、偶然船舶碰撞工况等）以及疲劳工况。承载能力极限工况应考虑荷载效应的基本组合，正常使用极限工况和疲劳工况应考虑荷载效应的标准组合，偶然极限工况应考虑荷载效应的偶然组合。针对不同的荷载组合，规范中提供了相应的不同荷载计算公式。

在基础设计过程中，风荷载、波浪荷载以及流荷载作为海洋工程中的基本作用力，在设计时将其纳入基本可变荷载参与组合，在荷载组合中需考虑可能出现的不利水位以及风、浪、流的作用方向。针对不同的设计工况，荷载组合有所差异。在DNVGL-ST-0437中，海洋环境荷载（荷载效应）是按照不同重现期进行组合的。本书参照港口工程以及建筑工程中的相关规范做法，介绍了按照组合系数方法对风荷载、风机荷载、波浪荷载和流荷载进行组合的方式，表7-17展示了不同设计荷载工况对应的标准荷载组合及计算水位，可以看出，在不同工况下，各项荷载的重现期选取有所不同。例如，承载能力极限工况应采用风电机组极端荷载与风浪流基本组合，而风浪流基本组合应分别考虑50年重现期的极端高水位、极端低水位、设计高水位、设计低水位等四种情况。

表 7-17　　　　　　　标准荷载组合及计算水位

设计荷载工况		荷载类型及荷载重现期（荷载效应重现期）					计算水位
		风荷载	风机荷载	波浪荷载	水流荷载	冰荷载	
承载能力极限和正常使用极限工况		50年	50年（包括正常运行极限荷载、极端风机荷载）	50年	最大可能流速	—	50年
				—	冰期最大可能流速	50年	MWL（固定冰）
							冰期设计高、低水位（流冰）
疲劳工况（主要考虑风机荷载与波浪荷载引起的疲劳，冰区平台必要时需要考虑冰振）		—	风机疲劳荷载	长期分布荷载（或等效荷载）	（根据实际情况考虑对波浪的影响）	—	MWL
偶然极限工况	地震工况	多年平均	正常运行极限风机荷载	—	多年平均	—	设计高、低水位
	偶然船舶撞击工况	运维船舶执行运维服务允许最大风况	正常运行极限风机荷载	运维船舶执行运维服务允许最大波况	运维船舶执行运维服务允许最大流速	—	设计高、低水位

此外，对于不同设计的荷载组合工况，各个荷载都有相应的荷载分项系数及荷载组合系数，具体取值详见表7-18。

7.3 工况组合

表 7-18　　　　　风机基础设计荷载分项系数及组合系数

工况			风电机组荷载标准值（无系数）	风荷载	波浪荷载	海流荷载	地震荷载	海冰荷载	自重	荷载组合系数
承载能力极限工况	结构强度、冲剪		1.5	1.35	1.35 / —	1.35	—	— / 1.35	1.0	0.7
	承载力计算	压	1.35	1.35	1.35 / —	1.35	—	— / 1.35	1.1	0.7
		拔	1.35	1.35	1.35 / —	1.35	—	— / 1.35	0.9	0.7
		水平	1.35	1.35	1.35 / —	1.35	—	— / 1.35	1.0	0.7
正常使用极限工况	变形计算		1.0	1.0	1.0	1.0	—	— / 1.0	1.0	0.7
地震工况	结构强度		1.5	1.35	—	—	1.35	1.35	1.0	0.7
	桩基承载力计算	压	1.35	1.35	1.35	1.35	1.35	1.35	1.1	0.7
		拔	1.35	1.35	1.35	1.35	1.35	1.35	0.9	0.7
		水平	1.35	1.35	—	1.35	1.35	1.35	1.0	0.7
疲劳工况			1.0	1.0	1.0	1.0	—	— / 1.0	1.0	1.0

7.3.2 工况组合实例

如上文所述，在进行海上风电结构设计时，需要根据不同工况选取相应的荷载组合及荷载分项系数。接下来，以风机结构的防撞设计为例进行简要说明。

通常情况下，海上风机基础主要针对运维船只以及可能出现的小型渔船进行防撞分析与设计，其中包括运维船只的正常操作靠泊（ULS）和事故碰撞（ALS）两种工况。对于位于水线附近位置的靠船构件、爬梯以及其他次要结构，应按照正常操作船舶碰撞荷载作用下的 ULS 组合工况进行计算；而对于水线附近位置的主要结构，则应按照事故船舶碰撞荷载作用下的 ALS 组合工况进行计算。

以海上风电场运维期内常用的运维船只作为船舶撞击分析的船型，例如某运维船只的基本信息如下：

该船只为 250t 级的大型运维船，在蒲福风级 8 级和 2.5m 有效波高的条件下，能够往返于运维码头与风机、海上升压站之间，实现人员的安全舒适乘坐以及风机备品备件的运输、转移。相应地，对于正常操作靠泊（ULS）和事故碰撞（ALS）这两个工况，有不同的输入参数和校核标准。

（1）正常撞击。250t级的运维船只以0.5m/s的速度靠泊，主体结构及靠船件按照ULS状况进行校核。校核标准为靠泊防撞构件仍能正常使用，且主体结构不出现破坏。

（2）事故撞击。250t级的运维船只以2.0m/s的速度撞击，主体结构按照ALS状况进行校核，主体结构不出现影响正常使用的破坏，允许防撞构件出现一定程度的损坏。

在确定好防撞设计各工况中船舶的输入相关参数后，在这两个工况下，均需要对永久荷载、船舶撞击荷载、海洋环境荷载和风机正常工作荷载进行组合计算。其中，海洋环境荷载包括风荷载、浪荷载、流荷载以及水位，以运维船舶能够执行运维服务前提下的最大海况参数作为设计输入，如上述运维船只中提到的运维船只所能承受的最大风级及最大有效波高，由此作为海况输入参数，计算结构相应的最大波浪荷载F_{wave}、最大风荷载F_{wind}和最大流荷载$F_{current}$。对于水位的选取，分别采用与撞击点高程相对应的设计高水位、设计低水位、平均水位进行计算校核。因此，在开展船舶撞击分析时，海洋环境荷载的组合情况如表7-19所示，其中ULS及ALS两个工况又可具体分为6个子工况。

表7-19　　　　　　　　防撞设计海洋环境荷载组合

工况	风荷载	浪荷载	流荷载	水位
ULS	F_{wind}	F_{wave}	$F_{current}$	设计高水位
	F_{wind}	F_{wave}	$F_{current}$	设计低水位
	F_{wind}	F_{wave}	$F_{current}$	平均水位
ALS	F_{wind}	F_{wave}	$F_{current}$	设计高水位
	F_{wind}	F_{wave}	$F_{current}$	设计低水位
	F_{wind}	F_{wave}	$F_{current}$	平均水位

相应地，基于以上风浪流海洋环境荷载的组合情况，结合各工况荷载分项系数表，联合永久荷载、船舶撞击荷载和风机正常工作荷载，从而形成整体荷载组合工况。对于各个工况中的荷载分项系数，可参照相应的规范进行选取。例如，参考DNVGL规范 *Support structures for wind turbines*（DNVGL—ST—0126），承载能力极限状况（ULS）与事故极限状况（ALS）的荷载分项系数的取值见表7-20。

表7-20　　　　　　　　防撞设计荷载分项系数表

极限工况	荷载种类			
	永久荷载	船舶撞击荷载	环境荷载（含风、浪流）	风机荷载
ULS	1.25	1.25	1.0	1.0
ALS	1.0	1.0	1.0	1.0

从表 7-20 中可以看出，对于 ULS 和 ALS，部分荷载的分项系数将会有所不同。一般来说，荷载分项系数是荷载的乘数，其值大于 1.0 意味着对荷载进行一定的放大，各项荷载分项系数代表着对荷载计算可靠性的一种评估。表 7-20 中，对于船舶撞击荷载，如果在 ULS 工况下的荷载分项系数大于 ALS 工况，这表明在 ULS 工况下，船舶撞击荷载更需要予以关注。

在海上风机结构的设计过程中，需要进行多工况分析。对于不同的设计工况，其工况组合主要包含以下两个步骤：

（1）首先，需要明确各个工况下的输入荷载参数，例如环境荷载参数中的风、浪、流重现期以及水位的选取等，具体可参照规范中提供的荷载组合表。

（2）在确定输入荷载参数后，便可据此计算各项荷载。对于不同的工况，主要关注的荷载会有所差异。此时，需依据不同工况下的荷载分项系数表，选取各荷载相应的分项系数，对荷载进行放大或缩小，从而确定设计分析过程中结构所需承受的最终荷载，进而开展结构设计分析工作。

第 8 章 海上风机基础设计方法

海上风机基础不仅要承受来自上部风电机组的载荷，还要承受海洋环境中波、流、冰以及可能出现的船舶撞击载荷，因此在设计过程中必须充分考虑到可能存在的各种载荷，以确保海上风机基础能够长期安全可靠地运行。我国近海海域的水深在50m以内，考虑到经济性和可行性，目前商业化运行的海上风场中基础结构绝大多数为固定式，只有个别示范项目采用了漂浮式风机基础，所以本书中关于基础的设计方法将围绕固定式基础展开。

8.1 基本设计原则

基础结构的安全与否直接关系到整个风电机组的稳定运行，海上恶劣的服役环境对基础结构的设计提出了一定的要求。为了保证海上风电机组结构能够长期稳定运行，基础结构的设计应遵循相应的原则，并符合相关规范。海上风机基础结构的设计主要采用以概率论为基础的极限状态设计方法为基本设计准则，包括工作应力法（Working Stress Method，WSD）或荷载抗力系数法（Load and Resistance Factor Design，LRFD）。《海上固定平台规划、设计和建造的推荐作法—荷载和抗力系数设计法（增补1）》（SY/T 10009）中对 WSD 和 LRFD 进行了详细的注释，其中引用了API-RP2A 的审查结论"现行的工作应力法不能保证结构的部件具有一致的可靠性"，因此将 WSD 修改为 LRFD。LRFD 采用多安全系数的形式，对荷载和抗力都乘以相应的荷载系数或抗力系数，而这些荷载系数和抗力系数与它们相应的不确定性相匹配，从而减少了在预计的应用范围内可靠性的差异。SY/T、API 规范推荐采用的LRFD 法与国内港工、建筑、钢结构设计规范体系所采用的荷载抗力系数法基本一致。由于海上风电机组基础结构的环境条件复杂，采用荷载系数和抗力系数来考虑各种荷载和抗力的随机性可以使设计结果更为合理。

基于近年来我国海上风电的开发经验，国内的海上风电场主要由中国交通水运系统的施工单位建设，同时交通运输部水运系统的设计规范多数由交通运输部水运航务单位主编或参编，规范中对设计和施工的要求是相互匹配的。因此，海上风电机组基础设计的部分内容参考国内港口工程规范体系，能够保证设计、施工所遵循的规范系统的统一，也适应国内的施工技术水平。

在海上风电场建设的前期，应开展对现场风能资源、地形地质、海洋水文条件和环境条件的详细调查。由于地域条件的差异，国内海上风电场建设的地质条件、施工装备与技术水平与国外存在显著差异，因此不可生硬地照搬国外经验来开展海上风电场的设计与建设工作，尤其应重视台风高发区、地质条件复杂区域的海上风电场现场环境条件调查工作，相应的调查分析工作应满足海洋水文、地质等专业规范的要求。

地震荷载影响的研究表明：当地震烈度为 9 度及以上时，正常运行工况叠加地震荷载后，上部结构传至风电机组基础顶部的内力可能会超过极端荷载工况，因此此时应对地震工况进行复核。参考《水运工程抗震设计规范》(JTS 146)，在地震烈度为 9 度及以上地区修建工程时均应进行专门的抗震设计。此外，由于设计风速超过 50m/s（相当于 50 年一遇极端风速超过 70m/s）的风电场即超过 IEC I 类风电场，而目前尚未有开发出超过 IEC I 类风电场的风电机组设备，因此在风能资源超过该条件时应进行专门研究。

由于海上风机的运行工况、工作环境以及工程地质复杂，且海上风电机组相比陆上机组单机容量更大、轮毂更高，单位造价成本也更高。一旦发生事故，造成的经济损失巨大，对社会和环境的影响也非常严重，因此海上风电支撑结构的设计按 1 级安全等级进行。

大型建筑工程、水电工程等在地震失事后果方面与海上风机存在显著差异，风机在高强度地震情况下倒塌一般不会引发重大人身伤亡事故，所以不宜按照大型建筑工程、水电工程等的标准进行罕遇地震校核，进而提高抗震设防烈度。若无特殊情况，通常情况下应按照风电场所在区域进行基本地震烈度设防。

海上风机基础的变形控制标准应满足如下要求：

（1）风机基础的纵向变形不应超过 100mm。

（2）风机基础顶部在正常使用极限条件下的倾角不宜超过 0.25°。

（3）考虑到施工误差，风机基础顶部在整个运行期内循环累积的总倾角不得超过 0.50°。

系统自振频率的控制应与风电机组的设计方进行交互复核，直至满足机组对整体自振频率的要求，或者通过调整控制策略来避开系统共振的频率区间。风电机组基础结构的设计使用年限应与风电机组的设计使用寿命相匹配，若无特殊规定，风电机组的基础设计寿命不应低于 25 年。包含支撑结构、塔筒在内的整个风电机组的固有频率应避开风电机组运行时由转子振动产生的激励频率范围，并确保一定的安全冗余。

与陆上风电机组基础的要求不同，对于海上风电场支撑结构的水平变形，应考虑施工误差等因素，针对软土地基条件下的支撑结构，应考虑水平向的循环累积变形。风电机组基础平台应避免受到潮水、海浪的影响，其高程应考虑 50 年重现期的潮位、潮差和海浪影响，并保证有 1.0~1.5m 的安全冗余。

海上风机基础的设计应考虑风机运行荷载、波浪、风和海流等循环荷载长期作用下土体强度和刚度的变化，并考虑地基与风电机组基础的相互作用。海上风电场风电机组基础的设计中，应注明结构的设计使用年限、材料的规格型号及所要求的力学性能、化学成分、施工建造与现场安装质量要求以及其他附加保证措施，并同时考虑结构制作安装、施工及建成后的环境影响、运行维护等问题。在设计使用年限内，未经技术鉴定或设计许可,不得改变结构的用途。

风电基础的靠泊设施必须考虑风电场日常运行维护、检修工作的安全和便利。对于位于海上重要航道周边的风电机组,应就风电场受意外碰撞的风险进行专门调查和评估,并对风电机组基础的防撞设施进行专门设计。同时,风电机组基础的设计应注意结合风电场的实际情况和业主的运维方案进行防撞、靠泊设计。对于大型航道周边的风电场,应结合利用水上交通法规和国家相关通航政策与工程技术,对过往船舶的通航进行合理引导,在工程经济性可承受的范围内设置合理的防撞结构体系。常规海上风电场的防撞、靠泊设计应结合已建风电场运维积累的工程经验,并与后续风电场的运维船舶、运维方式相结合。

海上风电场支撑结构的设计应遵循以下原则:

(1) 风机基础结构方案应根据风电场区域的海洋水文、气象地质以及施工条件,通过技术性和经济性综合评估确定。

(2) 风机基础应满足在海洋环境条件下的耐久性和功能性要求。

(3) 风机基础结构的设计应尽可能减少海上施工作业的工作量;结构的平面和立面布置应规整,明确载荷的传递途径;对重要构件和关键部件应增加冗余约束。

海上风场基础结构设计时,在承载能力极限状态下应进行以下验算:

(1) 地基承载能力验算,桩基基础包括抗压、抗拔、水平承载能力验算;重力式基础包括地基承载能力验算;对于特殊地质条件,如液化地基、有软弱下卧层地基需要进行专门的承载验算。

(2) 基础结构或构件的稳定验算,包括基础整体的抗倾覆、抗滑稳定验算,桩基或长细结构构件的压屈稳定验算。

(3) 结构构件或连接件的强度验算,包括受压、受弯、受拉、受剪、受扭、受冲切等强度计算。

海上风电场基础结构设计时,在正常使用极限状态下应进行以下验算:

(1) 循环荷载作用下地基累积变形验算,包括水平变形与倾斜验算、沉降验算。

(2) 基础结构的抗裂或限裂验算。

(3) 整机自振频率验算。

(4) 基础结构及构件的抗疲劳承载能力验算。

8.2 设 计 参 数

海上风电基础结构设计时,需考虑塔筒上部结构的风机荷载、海洋中的波浪、海流、冰凌、船舶等荷载,以及地基承载力等因素。在计算风、浪、流载荷时,需要了解海洋水文参数；在验算地基承载力时，需要获取所在海域的地质条件参数。因此，在进行基础结构设计时，需要确定海洋水文参数、海床地质参数、风电机组参数以及基础结构所用的材料参数等。

8.2.1 海洋水文

8.2.1.1 水深、水温和盐度

风电场区域的水深可通过回声测深仪、钢丝绳测深法等方式进行现场测量获取，水深以米为单位，记录时保留一位小数，准确度为±2%。风电场区域的水温和盐度则通过现场观测来获得，现有规划风电场场区的水深通常小于120m，需观测的水层包括表层（指海面下3m以内的水层）、5m、10m、15m、……、底层（为离底2m的水层），当底层与相邻标准层的距离小于规定的最小距离时，可免测接近底层的标准层。

8.2.1.2 海流、海浪和水位

在进行基础设计时，需要明确海流的流速和流向，这些数据通过现场观测获得，流向一般为瞬时值，流速值通常采用3min的平均流速。海浪观测的要素包括波高、周期、波向和海况，波高的测量单位为米，记录时保留一位小数，周期的测量单位为秒，波向的测量单位为度。海况观测时，通过目力观测海面征象，根据海面上波峰的形状、峰顶的破碎程度以及浪花出现的数量，来判断海况所属的等级。

8.2.1.3 海冰

海冰的类型包括浮冰、固定冰和冰山，海冰的技术指标通过现场观测获得。浮冰观测的要素包括冰量、密集度、冰型、表面特征、冰状、漂流方向和速度、冰厚以及冰区边缘线。各观测要素测量的单位和准确度见表8-1。

表8-1　　　　　　　　海冰观测要素的单位和准确度

观测要素	单位	准确度	观测要素	单位	准确度
海冰冰量、密集度	成	±1	漂流速度	m/s	±0.1
漂流方向	(°)	±5	冰厚	cm	±1

浮冰量是指浮冰覆盖整个能见海面的比例。用0～10和10⁻共12个数字和符号表示，记录时取整数。观测时环视整个海面，估计浮冰分布面积占整个能见海域面积的成数。海面无冰时，记录栏空白；浮冰分布面积占整个能见海域面积不足半成时，冰量记"0"；占半成以上，不足一成半时，冰量记"1"，以此类推。整个能见海面布满浮冰时，冰量记"10"，有缝隙时记"10⁻"。

密集度是浮冰覆盖面积与浮冰分布面积的比值。密集度的观测和记录方法与冰量相同。当海面无冰时，密集度栏为空；冰量为"0"时，密集度记为"0"。当浮冰分布的海域内有超过其面积一成以上的完整无冰水域时，此水域不能算作浮冰分布海

域。当海面上有两个或两个以上浮冰分布区域时,应分别进行观测,并取平均值作为密集度。

冰型是根据海冰的生成原因和发展过程划分的海冰类型。观测时,环视整个能见海面,判断其所属类型,并用符号记录。当海面上同时存在多种冰型时,按数量多少依次记录;数量相同时,按厚度大小的顺序记录。每次观测最多记 5 种冰型。当海冰距离观测点很远,无法判定冰型时,冰型栏记为横杠"—"。

冰表面特征是指浮冰在动力或热力作用下呈现的外貌。观测时,环视整个能见海面,判断其所属种类,并用符号记录。当同时存在两种或两种以上冰表面特征时,按其数量多少依次记录;数量相同时,按顺序记录。每次观测最多记录 3 种冰表面特征。

冰状是浮冰冰块最大水平尺度的表征。观测时,环视整个能见海面,判断所属冰状,并用符号记录。当几种冰状同时存在时,按其数量多少依次记录;数量相同时,按顺序记录。每次观测最多记录 3 种冰状。

漂流方向指浮冰漂流的去向,以度(°)作为表示单位;漂流速度则是单位时间内浮冰移动的距离,以 m/s 为单位,记录时保留一位小数。漂流方向和速度的观测是在锚定的船只上进行的,借助雷达或罗经以及测距仪来完成。在观测时,首先要在雷达荧光屏或海面上距离船长两倍以外的地方,挑选出具有明显特征的浮冰块,测定其它的方向以及至船的距离(起点位置),同时启动秒表进行计时。当所测冰块的移动距离超过原离船距离的二分之一,或其方向改变达到 20°时,读取时间间隔,并同时测定其方向和距离(终点位置)。然后,依据起点位置和终点位置的方向和距离,通过矢量法计算或者使用计算圆盘来求得浮冰的漂流方向和移动距离。最后,用移动距离除以间隔时间,便可得到漂流速度。

冰厚是从冰面到冰底的垂直距离,单位为厘米(cm),记录时取整数。在观测时,使用绞车或网具捞取冰块(最好选取三个以上),分别测量这些冰块的厚度,最后取它们的平均值作为冰厚的观测值。或者选择具有代表性的冰块,用冰钻钻孔,再用冰尺测量其厚度。

冰区边缘线指的是海冰分布区域的轮廓线,也就是冰水分界线。当冰区与开阔水域存在明显的分界线时,就需要进行此项观测。观测时,环视整个能见海域,在冰水分界线上选定几个特征点(一般不少于 3 个,远离冰区的少量冰块不能选作特征点),用雷达或罗经和测距仪测量出各点相对于测站的方向和距离。将这些特征点标注在调查研究海区的空白图上,用圆滑的曲线连接各特征点,这条曲线就是冰区边缘线。如果观测不到冰区边缘线,应在备注栏中进行说明。

8.2.2 海床地质

风电场的工程地质条件是海上风机基础结构形式选择和参数设计的关键依据。在进行海上风电场基础设计时，首要任务是查明风电场的底层构成、各分层的厚度分布、特殊岩土体的分布特征、风电机组基础持力层的埋藏深度以及其物理力学指标等。

8.2.2.1 岩石的分类和物理力学性质参数

在进行风电场工程地质勘察时，需对岩性进行鉴定，开展岩石分类和分化程度的划分工作，并对岩石的坚硬程度、岩体的完整程度以及岩体等级进行评定，依据《工程岩体分级标准》（GB/T 50218）来进行岩石分类。

当软化系数等于或小于 0.75 时，应判定为易软化岩石；当岩石具有特殊成分、特殊结构或特殊性质时，应界定为特殊性岩石，例如膨胀性岩石、崩解性岩石、盐渍化岩石等。

对岩石的描述应涵盖地质年代、岩性、风化程度、颜色、主要矿物、结构、构造以及岩石质量指标 RQD 等方面。对于沉积岩，应重点描述沉积物的颗粒大小、形状、胶结物成分和胶结程度；对于岩浆岩和变质岩，则应着重描述矿物结晶的大小和结晶程度。

根据岩石质量指标 RQD，可将岩石分为好的（$RQD>90$）、较好的（$RQD=75\sim90$）、较差的（$RQD=50\sim75$）、差的（$RQD=25\sim50$）和极差的（$RQD<25$）。

岩体的描述应包括结构面、结构体、岩层厚度和结构类型等内容，并应符合以下规定：

（1）结构面的描述包含类型、性质、产状、组合形式、发育程度、延展情况、闭合程度、粗糙程度、充填情况、充填物性质以及充水性质等。

（2）结构体的描述应包括类型、形状、大小以及结构体在围岩中的受力情况等。

（3）岩层厚度的分类应按照表 8-2 的规定执行。

表 8-2　　　　　　　　　岩 层 厚 度 分 类

层厚分类	单层厚度 h/m	层厚分类	单层厚度 h/m
巨厚层	$h>1.0$	中厚层	$0.1<h\leqslant0.5$
厚层	$0.5<h\leqslant1.0$	薄层	$h\leqslant0.1$

8.2.2.2 土的分类和物理力学性质参数

在进行风电场工程地质勘察时，应鉴定地基土的地质名称，并对其进行分类。通常，将晚更新世（Q_3）及其以前沉积的土命名为老沉积土；而第四纪全新世中近期沉积的土，则定名为新近沉积土。根据地质成因，土还可分为残积土、坡积土、洪积土、冲积土、淤积土、冰积土和风积土等。《土的工程分类标准》（GB/T 50145）详细规定了具体土的分类以及物理力学性质参数。

8.2.3　风电机组

风电机组的参数由风机厂家提供，不同风机厂家的风机参数存在差异，在进行基础设计时，需与风机厂家联系以获取准确的风电机组参数。

8.2.3.1 风轮-机舱组件参数

在进行海上风电机组基础结构设计时，需要从风机制造商处获取风轮-机舱组件的如下参数：额定功率（kW）、风轮直径（m）、转速范围（r/min）、功率调节方式（失速/变桨）、轮毂高度（平均海平面以上，m）、轮毂高度处运行风速范围 $V_{in} \sim V_{out}$（m/s）、设计寿命（年）、运行质量（最小值，最大值，kg）以及风轮－机舱组件的防腐保护说明。

以国内某品牌的 8MW 风机为例，其风轮－机舱组件的部分参数如表 8-3 所示：

表 8-3　　　　　　　　　　8MW 风机风轮-机舱组件参数

物理量	数值	物理量	数值
额定功率/kW	8000	风轮直径/m	175
转速范围/(r/min)	7～10.7	轮毂高度/m	110
风速范围/(m/s)	3～25	设计寿命/年	≥20

8.2.3.2 支撑结构参数

在进行海上风电机组基础结构设计时，应给出风电机组支撑结构的如下参数：设计水深（m）、支撑结构的共振频率（最小值、最大值，Hz，包括正常运行状态以及极端运行状态时的共振频率）、腐蚀裕量（mm）、防腐保护说明、出入平台高度（平均海平面以上，m）。

8.2.4 支撑结构材料

8.2.4.1 钢材的选择

在选择海上风机基础结构用钢时，应综合考虑钢材的化学成分、强度等级、焊接加工性能、塑性和韧性、厚度方向性能等因素。由于海上风电机组基础结构由于承受着巨大的弯矩作用，因此宜选用强度较高、抗弯性能较好的钢材。

海上风机基础的主体结构应采用船舶与海洋工程用结构钢或低合金高强度结构用钢，次要结构可采用低合金高强度结构用钢或碳素结构钢。钢材的选用应符合现行国家标准《船舶与海洋工程用结构钢》（GB 712）、《低合金高强度结构钢》（GB/T 1591）和《碳素结构钢》（GB/T 700）的相关规定。

对于主体结构中承受高约束、板厚方向承受收缩变形和连续拉力荷载的重要部位，应采用具有抗层状撕裂性能的钢材，其性能应符合现行国家标准《厚度方向性能钢板》（GB/T 5313）的有关规定。

结构露出水面部分处于大气区和浪溅区的部分，其设计温度应按照作业区域近 10 年内最冷月份平均气温考虑；低温地区水下浸没部分的结构设计温度应取 0℃。

钢材和钢铸件的物理性能指标应按表 8-4 的规定采用。

表 8-4　　　　　　　　　钢材和钢铸件的物理性能指标

弹性模量 $E/(N/mm^2)$	剪切模量 $G/(N/mm^2)$	线性膨胀系数 α（以每℃计）	质量密度 $\rho/(kg/m^3)$
206×10^3	79×10^3	12×10^6	7850

8.2.4.2　钢筋选择

钢筋混凝土结构或预应力钢筋混凝土结构所使用的钢筋，应符合现行国家标准《钢筋混凝土用钢　第 2 部分：热轧带肋钢筋》(GB 1497.2)、《钢筋混凝土用余热处理钢筋》(GB 13014)、《钢筋混凝土用钢　第 1 部分：热轧光圆钢筋》(GB 1497.1) 以及《预应力混凝土用钢棒》(GB 4463) 相关规定。钢丝应符合现行国家标准《预应力混凝土用钢丝》(GB/T 5223) 的有关规定；钢绞线应符合现行国家标准《预应力混凝土用钢绞线》(GB/T 5224) 的有关规定；精轧螺纹钢筋应符合现行国家标准《预应力混凝土用螺纹钢筋》(GB/T 20065) 的有关规定。

海上风电机组基础钢筋混凝土结构或预应力混凝土结构用钢筋的选择，应符合下列规定：

（1）普通混凝土结构的钢筋适宜采用 HRB400 级、HRB500 级钢筋，也可采用 HPB300 级、HRB335 级或 RRB400 级钢筋。

（2）预应力混凝土结构的钢筋宜选用钢绞线或钢丝，也可采用钢棒或螺纹钢筋。

（3）钢筋的强度标准值应不低于标准值的 95%。

（4）热轧钢筋的强度标准值应依据屈服强度来确定；预应力钢绞线、钢丝和热处理钢筋的强度标准值应根据极限抗拉强度来确定。

此外，根据建设部对推广高强度钢筋使用的要求，海上风电工程的钢筋应尽量采用 HRB400 级别以上的钢筋，以减少钢筋的使用量，提高工程的经济性。

8.2.5　混凝土参数

8.2.5.1　混凝土选择

海上风机基础结构适宜采用海工高性能混凝土。在选取混凝土材料时，应考虑其强度、弹性模量、疲劳性能、耐久性以及防腐蚀性能等因素。

8.2.5.2　混凝土性能参数

混凝土轴心抗压、轴心抗拉强度标准值、强度设计值和弹性模量应按《水工混凝土结构设计规范》(SL 191—2008) 的规定采用。

混凝土轴心抗压疲劳强度设计值 f_c^f、轴心抗拉疲劳强度设计值 f_t^f 应按规范中的疲劳设计值乘以疲劳强度修正系数 γ_ρ 确定。混凝土受压或受拉疲劳强度修正系数 γ_ρ

应根据疲劳应力比值 ρ_c^f 分别按表 8-5 和 8-6 的规定采用；当混凝土承受拉-压疲劳应力作用时，疲劳强度修正系数 γ_ρ 可取 0.6，疲劳应力比值 ρ_c^f 应按下式计算：

$$\rho_c^f = \frac{\sigma_{c,\min}^f}{\sigma_{c,\max}^f} \tag{8-1}$$

式中 $\sigma_{c,\min}^f$、$\sigma_{c,\max}^f$ ——构件疲劳验算时，截面同一位置上混凝土的最小应力、最大应力，MPa。

表 8-5　　　　　　　　混凝土受压疲劳强度修正系数 γ_ρ

ρ_c^f	$0 \leqslant \rho_c^f < 0.1$	$0.1 \leqslant \rho_c^f < 0.2$	$0.2 \leqslant \rho_c^f < 0.3$	$0.3 \leqslant \rho_c^f < 0.4$	$0.4 \leqslant \rho_c^f < 0.5$	$\rho_c^f \geqslant 0.5$
γ_ρ	0.68	0.74	0.80	0.86	0.93	1.00

表 8-6　　　　　　　　混凝土受拉疲劳强度修正系数 γ_ρ

ρ_c^f	$0 \leqslant \rho_c^f < 0.1$	$0.1 \leqslant \rho_c^f < 0.2$	$0.2 \leqslant \rho_c^f < 0.3$	$0.3 \leqslant \rho_c^f < 0.4$	$0.4 \leqslant \rho_c^f < 0.5$
γ_ρ	0.63	0.66	0.69	0.72	0.74
ρ_c^f	$0.5 \leqslant \rho_c^f < 0.6$	$0.6 \leqslant \rho_c^f < 0.7$	$0.7 \leqslant \rho_c^f < 0.8$	$\rho_c^f \geqslant 0.8$	
γ_ρ	0.76	0.80	0.90	1.00	

8.2.6　灌浆材料

8.2.6.1　灌浆材料的选择

灌浆材料应具备有早强、高强的特性，能够满足结构连接所需的抗压、抗拉、抗弯、抗剪切、抗疲劳等力学性能要求，同时还应具有良好的耐腐蚀和耐久性。此外，灌浆材料应具有无收缩性，并且与钢材之间要有较好的黏结性。

灌浆材料的力学性能测试试验方法应符合现行国家标准《水泥胶砂强度检验方法》（GB/T 17671）和《普通混凝土力学性能试验方法》（GB/T 50081）相关规定；而其耐久性测试试验方法则应符合现行国家标准《普通混凝土长期性能和耐久性能试验方法标准》（GB/T 50082）有关规定。

8.2.6.2　灌浆料的技术性能指标

常用的典型 120MPa 灌浆材料的技术性能指标应符合表 8-7 的规定。

表 8-7　　　　常用的典型 120MPa 灌浆材料的技术性能指标

检 测 项 目		性能指标
流动度/mm	初始	≥290
	30min	≥260

续表

检 测 项 目		性能指标
抗压强度/MPa	1d	≥50
	3d	≥80
	28d	≥120
竖向膨胀率/%	3h	0.02～3.5
	24h与3h差值	0.02～0.5
氯离子含量/%		≤0.03
泌水率/%		0

8.3 设 计 流 程

海上风电支撑结构的大致设计步骤流程如图8-1所示。

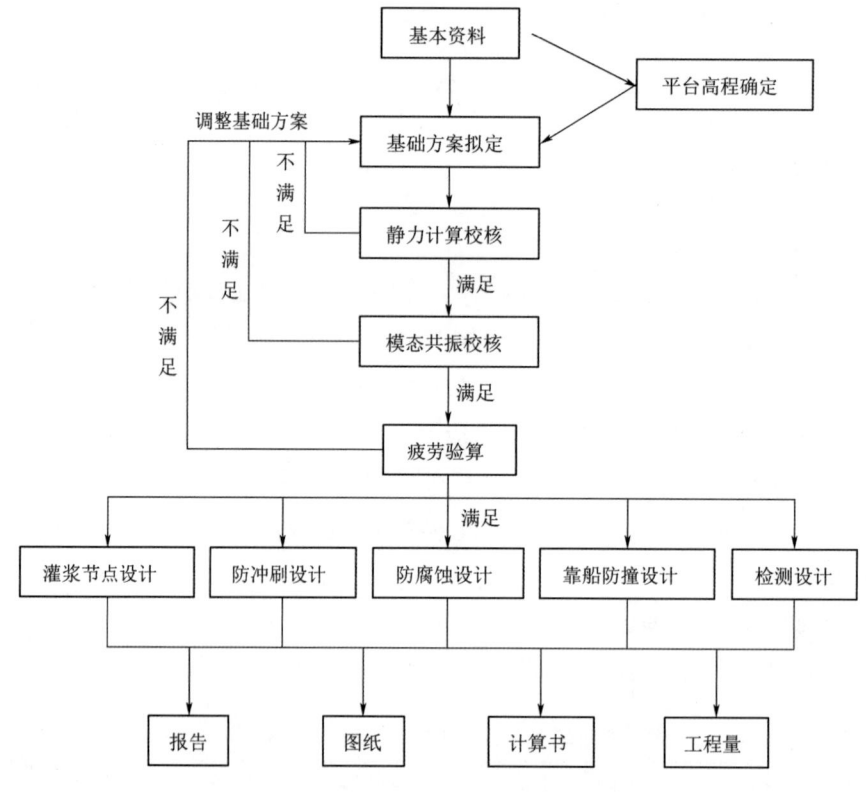

图8-1 海上风电风机基础设计流程

海上风电风机基础设计主要包括桩基设计、自振频率设计等。

8.3.1 桩基设计

海上风电场的桩基按成桩工艺通常可划分为打入桩、灌注桩和嵌岩桩三大类。

(1) 打入桩依据制桩材料的不同,可分为钢管桩和预制混凝土桩等。

(2) 灌注桩按照成孔方法的差异,可分为钻孔灌注桩和挖孔灌注桩。

(3) 嵌岩桩根据成桩方法、结构组成以及嵌岩型式等因素,可分为灌注型嵌岩桩、灌注型锚杆嵌岩桩、预制型植入嵌岩桩、预制型芯柱嵌岩桩等。

钢管桩具有承载能力强、土层穿透性好等众多优点,已成为海上风机的主要基础结构形式。在设计桩基础时,应确保其能够承受静荷载、循环荷载和瞬时荷载,同时保证风电机组基础及上部结构不产生过大的变形或振动,尤其要特别关注循环荷载和瞬时荷载对支撑土的强度以及桩基基础结构响应的影响。桩基的极限承载力设计涵盖桩体强度和变形特性(桩强度)以及土壤抵抗桩荷载的能力(土体承载力)。在分析土壤承载力时,应综合考虑剪切强度特性、土壤的变形特性和地应力条件、安装方法、桩的几何形状和尺寸、负载类型等诸多因素。对于多腿式导管架和三桩式支撑的桩基础,在设计时通常将其设计为长而细的柔性桩,而单桩基础属于大直径桩,其桩-土特性与细长桩存在较大的差异。

桩基设计时应考虑以下四类极限工况[依据《海上风电场工程 风电机组基础设计规范》(NB/T 10105—2018)]:

(1) 承载能力极限状态。桩基达到最大承载能力、整体失稳或发生不适合继续承载的变形。

(2) 正常使用极限状态。桩基达到正常使用所规定的变形限值或达到耐久性要求的某项限值。

(3) 疲劳极限状态。在循环荷载作用下,桩体的疲劳强度达到允许限值。

(4) 偶然作用极限状态。在偶然荷载作用下,桩体的桩基达到最大承载能力、整体失稳或发生不适合继续承载的变形。

在分析单桩的应力和应变问题时,主要考虑强度和变形。在考虑极限工况(ULS)时,基础极限设计主要由以下几类因素决定:

(1) 承载力。

(2) 滑动。

(3) 倾覆。

(4) 桩的压入/拔出。

(5) 大变形/位移。

承载力在这几类因素中最为关键,它决定着基础能否长期使用。桩的极限承载力是桩的嵌入部分沿轴线方向的侧摩阻力与桩端处的端部阻力的总和。从数学角度来看，侧摩阻力是桩的圆柱表面上剪切应力的积分，端部阻力是桩尖上法向应力的积分。大多数海上桩都是薄壁钢制部件，它们可能是实心且端部封闭的，也可能是开口式的。对于实心和端部封闭式桩，提供端阻力的是整个端部表面。而对于开口桩，桩和桩中的土塞运动不同步，在这种情况下，桩的轴向承载力由三部分组成：环形截面的端部承载力、桩外表面的侧摩阻力以及桩内表面的侧摩阻力。

8.3.1.1 桩基承载力计算

桩基的轴向承载力计算应满足以下公式要求：

$$N_d \leqslant Q_d \tag{8-2}$$

式中　N_d——桩顶轴向荷载效应设计值，kN；

　　　Q_d——单桩轴向极限承载力设计值，kN。

单桩的承载力应根据工程地质勘察成果以及静载荷试验来确定，在进行地震工况核算时，Q_d 可放大 1.25 倍。当附近工程有试桩资料，且沉桩工艺相同、地质条件相近时，可以不进行静载荷试验。当进行静载荷试验时，单桩轴向极限承载力设计值应按下式进行计算：

$$Q_d = \frac{Q_k}{\gamma_R} \tag{8-3}$$

式中　Q_k——单桩轴向极限承载力标准值，kN，当试桩数量在 2 个以上时，且各桩的极限承载力最大值与最小值的比值小于或等于 1.3 时取其平均值作为单桩轴向极限承载力标准值，当其比值大于 1.3 时经分析确定；

　　　γ_R——单桩轴向承载力抗力分项系数，见表 8-8。

表 8-8　　　　　　　　单桩轴向承载力抗力分项系数

桩的类型		静载试验法 γ_R	经验参数法 γ_R		
打入桩		1.30～1.40	1.45～1.55		
灌注桩		1.50～1.60	1.55～1.65		
嵌岩桩	抗压	1.60～1.70	覆盖层 γ_{cs}	预制型	1.45～1.55
				灌注型	1.55～1.65
	抗压	1.60～1.70	嵌岩段 γ_{cR}	1.70～1.80	
	抗拔	1.80～2.00	桩身嵌岩见本章 8.2.8 锚杆嵌岩见本章 8.2.10		

注　1. 当地质情况复杂时取大值，反之取小值。
　　2. γ_{cs} 为覆盖层单桩轴向受压承载力分项系数；γ_{cR} 为嵌岩桩单桩轴向受压承载力分项系数。

根据桩身是否实心，可按以下计算公式计算轴向抗压承载力。

(1) 桩身实心或桩端封闭的打入桩轴向抗压承载力设计值可按下式计算：

$$Q_d = \frac{1}{\gamma_R}\left(U\sum_{i=1}^{n} q_{fi} L_i + q_R A\right) \tag{8-4}$$

式中 Q_d——单桩轴向承载力设计值,kN;

γ_R——单桩轴向承载力分项系数;

U——桩身截面外周长,m;

q_{fi}——单桩第 i 层土的极限侧摩阻力标准值,kPa;

L_i——桩身穿过第 i 层土的长度,m;

q_R——单桩极限桩端阻力标准值,kPa;

A——桩端外周面积,m^2;

n——计算深度范围内土层的计算分层数,分层数应结合土层性质,分层厚度不应超过计算深度的 0.3 倍。

(2) 钢管桩和预制混凝土管桩的轴向抗压承载力设计值可按下式计算:

$$Q_d = \frac{1}{\gamma_R}\left(U\sum_{i=1}^{n} q_{fi}L_i + \eta q_R A\right) \tag{8-5}$$

式中 Q_d——单桩轴向承载力设计值,kN;

γ_R——单桩轴向承载力分项系数;

U——桩身截面外周长,m;

q_{fi}——单桩第 i 层土的极限侧摩阻力标准值,kPa;

L_i——桩身穿过第 i 层土的长度,m;

q_R——单桩极限桩端阻力标准值,kPa;

A——桩端外周面积,m^2;

η——桩端闭塞效应系数,可按地区经验取值,无当地经验时,可按表 8-9 的规定取值;

n——计算深度范围内土层的计算分层数,分层数应结合土层性质,分层厚度不应超过计算深度的 0.3 倍。

表 8-9 桩端闭塞效应系数

桩型	桩的外径/m	η	取值说明
敞口钢管桩	$d<0.60$	入土深度大于 $20d$,且桩端进入持力层的深度大于 $5d$ 时,取 1.00~0.80	根据桩径、入土深度和持力层特性综合分析;入土深度较大,进入持力层深度较大,桩径较小时取大值,反之取小值
	$0.60 \leqslant d \leqslant 0.80$	入土深度大于或等于 $20d$ 时 0.85~0.45	
	$0.80 < d \leqslant 1.20$	入土深度大于 20m 或 $20d$ 时取 0.50~0.30	
	$1.20 < d \leqslant 1.50$	入土深度大于 25m 时取 0.25~0	
	$d>1.50$	入土深度小于 25m 时取 0; 入土深度大于或等于 25m 时取 0.25~0	
半敞口钢管桩	—	参考同条件的敞口桩酌情增大	持力层为黏性土时增大值不宜大于敞口时的 20%;较密实砂性土增大值可适当增加

续表

桩型	桩的外径/m	η	取值说明
混凝土管桩	$d<0.80$	入土深度大于 $20d$ 时取 1.00	根据桩径、入土深度和持力层特性综合分析；入土深度较大，进入持力层深度较大，桩径较小时取大值，反之取小值
	$0.80 \leqslant d <1.20$	入土深度大于 $20d$ 或 20m 时取 1.00~0.80	
	$D=1.20$	入土深度大于 20m 时取 0.85~0.75	

注 1. 表中 d 为桩的外径。
　　2. 表层为淤泥时，入土深度应适当折减。
　　3. 有经验时可适当折减。
　　4. 若入土深度大于 $30d$ 或 30m，进入持力层深度大于 $5d$，可分别认为入土深度较大和进入持力层深度较大。
　　5. 本表不适用于持力层为全风化或强风化岩层的情况，也不适用于直径大于 2m 的桩。

（3）按承载力经验参数法确定灌注桩轴向抗压承载力设计值时，单桩轴向承载力应按下式计算：

$$Q_d = \frac{1}{\gamma_R}\left(U\sum_{i=1}^{n}\Psi_{si}q_{fi}l_i + \Psi_p q_R A\right) \qquad (8-6)$$

式中　Q_d——设计值，kN；
　　　γ_R——单桩轴向承载力分项系数；
　　　U——桩身截面外周长，m；
Ψ_{si}、Ψ_p——桩侧阻力、端阻力尺寸效应系数，当桩径不大于 0.8m 时，均取 1.0，当桩径大于 0.8m 时，按表规定取值；
　　　q_{fi}——单桩第 i 层土的极限侧摩阻力标准值，kPa；
　　　l_i——桩身穿过第 i 层土的长度，m；
　　　q_R——单桩极限桩端阻力标准值，kPa；
　　　A——桩端外周面积，m^2；
　　　n——计算深度范围内土层的计算分层数，分层数应结合土层性质，分层厚度不应超过计算深度的 0.3 倍。

表 8-10　　　　桩侧阻力系数和端阻力尺寸效应系数

土类型	黏性土、粉土	砂土、碎石类土
Ψ_{si}	$(0.8/d)^{1/5}$	$(0.8/d)^{1/3}$
Ψ_p	$(0.8/d)^{1/4}$	$(0.8/d)^{1/3}$

注 1. 表中 d 为桩的直径（m）。
　　2. 如有现场试验经验，可结合现场试验情况取值。

（4）按承载力经验参数法确定嵌岩桩轴向抗压承载力设计值时，单桩轴向承载力应按下式计算：

$$Q_{cd} = \frac{U_1 \sum_{i=1}^{n} \zeta_{fi} q_{fi} l_i}{\gamma_{cs}} + \frac{U_2 \zeta_s f_{rk} h_r + \zeta_p f_{rk} A}{\gamma_{cR}} \qquad (8-7)$$

式中 Q_{cd}——单桩轴向承载力设计值,kN;

U_1、U_2——分别为覆盖层桩身周长和嵌岩层桩身周长,m;

ζ_{fi}——桩周第 i 层土的侧阻力计算系数(当桩径不大于1.0m时,岩面以上10倍桩径范围内的覆盖层取0.5～0.7,10倍桩径以上覆盖层取1.0;当桩径大于1.0m时,岩面以上10m范围内的覆盖层取0.5～0.7,10m以上覆盖层取1.0);

q_{fi}——单桩第 i 层土的极限侧摩阻力标准值,kPa;

l_i——桩身穿过第 i 层土的长度,m;

γ_{cs}——覆盖层单桩轴向受压承载力分项系数;

ζ_s、ζ_p——嵌岩段侧阻力和端阻力计算系数(表 8-11),与嵌岩深径比 h_r/d 有关;

f_{rk}——岩石饱和单轴抗压强度标准值,kPa(应根据工程勘察报告提供的数据并结合工程经验确定,黏土质岩石取天然湿度单轴抗压强度标准值;f_{rk} 值大于桩身混凝土轴心抗压强度标准值 f_{ck} 时取 f_{ck} 值;遇水软化岩层或 f_{rk} 小于10MPa的岩层,桩的承载力宜按灌注桩计算);

h_r——桩身嵌入基岩的长度,m[当 $h_r>5D'$ 时取 $5D'$,D' 为嵌岩段桩径(m);当岩层表面倾斜时,应以岩面最低处计算嵌岩深度];

A——嵌岩段桩端面积,m^2;

γ_{cR}——嵌岩段单桩轴向受压承载力分项系数;

n——计算深度范围内土层的计算分层数,分层数应结合土层性质,分层厚度不应超过计算深度的0.3倍。

表 8-11　　　　　　　　　嵌岩段侧阻力和端阻力计算系数

嵌岩深径比 h_r/d	1.0	2.0	3.0	4.0	5.0
ζ_s	0.070	0.096	0.093	0.083	0.070
ζ_p	0.72	0.54	0.36	0.18	0.12

注　当嵌入中等风化岩时,按表中数值乘以0.7～0.8计算。

(5) 后注浆灌注桩单桩极限轴向抗压承载力可通过静荷载试验确定。在沉桩条件允许时,可采用半敞口式或封闭式桩尖来提高钢管桩的轴向承载力。对于凡允许不做静载荷试桩的工程,打入桩和灌注桩的单桩抗拔承载力设计值可按下式计算:

$$T_d = \frac{1}{\gamma_R}\left(U\sum_{i=1}^{n}\zeta_i q_{fi} l_i + G\cos\alpha\right) \qquad (8-8)$$

式中 T_d——单桩抗拔极限承载力设计值,kN;

γ_R——单桩抗拔承载力分项系数,与抗压分项系数取相同值;

U——桩身截面周长,m;

ζ_i——抗拔折减系数，对于大直径管桩结构，该参数应根据工程经验或现场试桩试验确定；

q_{fi}——桩周第 i 层土的极限侧阻力标准值，kPa；

l_i——桩身穿过第 i 层土的长度，m；

G——桩重力，kN。水下部分按浮重力计算；

α——桩轴线与垂线夹角，（°）；

n——计算深度范围内土层的计算分层数，分层数应结合土层性质，分层厚度不应超过计算深度的 0.3 倍。

(6) 对于不进行抗拔试验的嵌岩桩，若嵌岩深度不小于 3 倍桩径，其单桩轴向抗拔承载力设计值可按下式计算：

$$Q_{td} = \frac{U_1 \sum \zeta'_{fi} q_{fi} l_i + G\cos\alpha}{\gamma_{ts}} + \frac{U_2 \zeta'_s f_{rk} h_r}{\gamma_{tr}} \qquad (8-9)$$

式中 Q_{td}——嵌岩桩单桩轴向抗拔承载力设计值，kN；

U_1、U_2——覆盖层桩身周长和嵌岩层桩身周长，m；

ζ'_{fi}——第 i 层覆盖土的侧阻力抗拔折减系数，取 0.7～0.8；

q_{fi}——桩周第 i 层土的极限侧阻力标准值，kPa；

l_i——桩身穿过第 i 层土的长度，m；

G——桩重力，kN。水下部分按浮重力计算；α 为桩轴线与垂线夹角，（°）；

γ_{ts}——覆盖层单桩轴向抗拔承载力分项系数，钢管桩、预制桩取 1.45～1.55；灌注桩取 1.55～1.65；

ζ'_s——嵌岩段侧阻力抗拔计算系数，取 0.045；

f_{rk}——岩石饱和单轴抗压强度标准值，kPa（应根据工程勘察报告提供的数据并结合工程经验确定；黏土质岩石取天然湿度单轴抗压强度标准值；f_{rk} 值大于桩身混凝土轴心抗压强度标准值 f_{ck} 时取 f_{ck} 值；遇水软化岩层或 f_{rk} 小于 10MPa 的岩层，桩的承载力宜按灌注桩计算）；

h_r——桩身嵌入基岩的长度，m。当 $h_r > 5D'$ 时取 $5D'$，当岩层表面倾斜时，应以岩面最低处计算嵌岩深度；

D'——为嵌岩段桩径，m；

A——嵌岩段桩端面积，m²；

γ_{tr}——嵌岩段单桩轴向抗拔承载力分项系数，取 2.0～2.2；

n——计算深度范围内土层的计算分层数，分层数应结合土层性质，分层厚度不应超过计算深度的 0.3 倍。

(7) 当桩端达到或进入基岩的受拔桩时，可采用锚杆嵌岩的方式来增加桩的抗拔能力，锚杆的锚固长度应按计算确定且不小于 3m。锚杆嵌岩桩中锚杆总的抗拔力设计值应按下式计算：

$$P_d = \frac{\sum_{i=1}^{n} P_{di}}{\gamma_p} \tag{8-10}$$

式中　P_d——嵌岩桩中锚杆总的抗拔力设计值，kN；

　　　P_{di}——单根锚杆抗拔力设计值，kN；

　　　γ_p——为抗拔力综合系数，取 1.1；

　　　n——计算深度范围内土层的计算分层数，分层数应结合土层性质，分层厚度不应超过计算深度的 0.3 倍。

其中，锚杆嵌岩桩中单根锚杆极限抗拔力标准值宜通过现场试验确定，单根锚杆抗拔力设计值应按下式计算：

$$P_{di} = \frac{P_{ki}}{\gamma_k} \tag{8-11}$$

式中　P_{di}——单根锚杆抗拔力设计值，kN；

　　　P_{ki}——单根锚杆抗拔力标准值，kN；

　　　γ_k——抗拔力分项系数，取 1.5～1.7；对硬质岩节理不发育、裂隙小或临时建筑物，取小值；反之取大值。

在不进行现场试验时，锚杆嵌岩桩中单根锚杆的钢筋截面积、有效锚固长度等的计算，应符合下列规定：

$$A_s = \frac{P_{di}}{f_y} \times 10^3 \tag{8-12}$$

式中　A_s——单根锚杆钢筋截面积，mm^2；

　　　P_{di}——单根锚杆抗拔力设计值，kN；

　　　f_y——锚杆钢筋抗拉强度设计值，MPa。

单根锚杆的有效锚固长度应按式（8-13）计算，水泥浆体或混凝土对钢筋的握裹力所需长度，按式（8-14）计算，水泥浆体或混凝土与岩体的黏结抗拔力所需长度，取两者中的较大值。

$$L_e = \frac{\gamma_d P_{di}}{\pi d' q_{fk}} \tag{8-13}$$

$$L_e = \frac{\gamma_d P_{di}}{\pi d q'_{fk}} \tag{8-14}$$

式中　L_e——锚杆的有效锚固长度，m。不计基岩面上强风化岩；

　　　γ_d——分项系数，取 1.7～1.9［按照式（8-13）计算时，带肋钢筋取小值，光面钢筋取大值；按照式（8-14）计算时，对硬质岩、岩体完整的取小值，反之取大值］；

P_{di}——单孔锚杆抗拔力设计值，kN；

d'——锚杆钢筋直径，mm；

q_{fk}——锚杆钢筋与水泥浆体或混凝土的黏结强度标准值，MPa（宜通过试验确定；或经验或缺乏试验资料时，可取浆体或混凝土抗压强度标准值的 10%）；

d——锚孔直径，mm；

q'_{fk}——水泥浆体与岩石间黏结强度标准值，MPa（宜根据具体工程，通过钻孔锚固基岩岩芯经试验确定；当无试验资料时，可取灌浆体抗压强度标准值的 10% 和锚孔岩体的抗剪强度标准值两者之较小值，岩石的抗剪强度标准值应根据工程勘察报告提供的数据并结合工程经验确定）。

对于黏性土中的钢管桩，沿桩长度上任何一点的单位极限侧摩阻力标准值 q_{fi} 可用下列公式计算：

$$a = \frac{1}{2\sqrt{c_u/p'_0}} \quad \left(\frac{c_u}{p'_0} \leqslant 1\right) \tag{8-15}$$

$$q_{fi} = a c_u$$

式中　a——无量纲系数，约束值不大于 1.0；

c_u——相应点地基土的不排水抗剪强度，kPa；

p'_0——相应点的有效上覆土压力，kPa。

对于端部支撑在黏性土体中的钢管桩，单位桩端极限端阻力标准值 q_R 可用下式计算：

$$q_R = 9 c_u \tag{8-16}$$

非黏性土中钢管桩极限承载力标准值按以下述规定执行：

(1) 对于非黏性土体中的钢管桩，其单位极限侧摩阻力标准值 q_{fi} 可用下式计算：

$$q_{fi} = K_h p'_0 \tan\delta \tag{8-17}$$

式中　K_h——无因次侧向土压力系数（水平与垂直向有效应力之比），对于未形成土塞的开口打入桩 K_h 取 0.8，对于闭口桩和形成充分土塞的开口桩 K_h 取 1.0；

p'_0——计算点的有效上覆土压力，kPa；

δ——土与桩壁之间的摩擦角，(°)。

(2) 对于端部支撑在非黏性土体中的钢管桩，单位桩端极限端阻力标准值 q_R 可用下式计算：

$$q_R = p_0 N_q \tag{8-18}$$

式中　p_0——桩端处的有效上覆土压力，kPa；

N_q——无量纲承载力系数。

8.3.1.2 桩基变形设计

1. 桩基竖向变形计算

在进行海上风电桩基础的竖向变形计算时，应考虑正常使用极限状态，按照荷载效应标准组合来验算基础的沉降变形，其计算值不应大于变形允许值。在计算地基沉降时，应将沉降计算点水平面影响范围内各基桩对应力计算点产生的附加应力进行叠加，采用单向压缩分层总和法计算土层的沉降，并将桩身压缩 S_e 计入其中。在沉降计算过程中，桩端平面以下地基中由基桩引起的附加应力，应按考虑桩径影响的明德林解进行计算确定。桩基的最终沉降量可按下列公式计算：

$$\begin{cases} s = \Psi \sum_{i=1}^{n} \dfrac{\sigma_{zi}}{E_{si}} \Delta z_i + s_e \\ \sigma_{zi} = \sum_{j=1}^{m} \dfrac{Q_j}{l_j^2} [\alpha_j I_{p,ij} + (1-\alpha_j) I_{s,ij}] \\ s_e = \zeta_e \dfrac{Q_j l_j}{E_c A_{ps}} \end{cases} \quad (8-19)$$

式中 m——以沉降计算点为圆心，0.6 倍桩长为半径的水平面影响范围内的基桩数；

   n——沉降计算深度范围内土层的计算分层数；分层数应结合土层性质，分层厚度不应超过计算深度的 0.3 倍；

   σ_{zi}——水平面影响范围内各基桩对应力计算点桩端平面以下第 i 层土 1/2 厚度处产生的附加竖向应力之和，MPa，应力计算点应取与沉降计算点最近的桩中心点；

   Δz_i——第 i 计算土层厚度，m；

   E_{si}——第 i 计算土层的压缩模量，MPa，采用土的自重压力至土的自重压力加附加压力作用时的压缩模量；

   Q_j——第 j 桩在荷载效应准永久组合作用下，桩顶的附加荷载，kN；

   l_j——第 j 桩桩长，m；

   A_{ps}——桩身截面面积，m²；

   α_j——第 j 桩总桩端阻力与桩顶荷载之比，近似取极限总端阻力与单桩极限承载力之比；

 $I_{p,ij}$、$I_{s,ij}$——第 j 桩的桩端阻力和桩侧阻力对计算轴线第 i 计算土层 1/2 厚度处的应力影响系数；

   E_c——桩身材料的弹性模量，MPa；

   s_e——计算桩身压缩，m；

   ζ_e——桩身压缩系数（端承型桩，取 $\zeta_e=1.0$；摩擦型桩，当 $l/d \leqslant 30$ 时，取

$\zeta_e=2/3$；$l/d\geqslant 50$ 时，取 $\zeta_e=1/2$；介于两者之间可线性插值）；

Ψ——沉降计算经验系数，无当地经验时，可取 1.0。

桩基础的最终沉降计算深度 z_n，可按应力比法确定，即 z_n 处由桩引起的附加应力 σ_z 不应大于自重应力 σ_c 的 0.2 倍；当桩端地基土为高压缩性土时，z_n 处由桩引起的附加应力 σ_z 不应大于自重应力 σ_c 的 0.1 倍。

2. 桩基水平承载力及变形计算

桩基础的设计应能够承受静的和循环的侧向荷载。海床面附近土的侧向抗力对桩的设计影响极大，在桩基设计过程中，必须考虑在桩的沉桩作业中以及沉桩完成后，因冲刷和土受扰动对土抗力产生的可能影响。

承受水平力作用的弹性长桩桩身内力和变形，应按以下列规定确定：

（1）可根据工程经验采用 $p-y$ 曲线法、m 法、NL 法计算。

（2）m 法仅适用于水平变形较小、处于弹性变形阶段的桩基结构计算；在水平变形较大且承受循环荷载作用的情况下，应采用 $p-y$ 曲线法。

（3）宜通过水平静载荷试验确定桩在水平力作用下的桩身内力和变形。

（4）当考虑循环荷载的往复作用时，土抗力宜通过试验方法确定。

承受水平力或力矩作用的单桩，其入土深度应满足弹性长桩条件，即大于相对刚度特征值的 4 倍，或通过控制桩顶位移、桩身整体变形与桩基埋深的关系来确定。

承受水平力或力矩作用的中长桩或刚性桩，应对桩身结构和变位进行必要的验算，且应对桩侧土体应力进行验算，验算应按下列公式计算：

$$\sigma_{h/3} \leqslant \frac{4}{\cos\varphi}\left(\frac{\gamma}{3}h\tan\varphi+c\right)\eta$$

$$\sigma_h \leqslant \frac{4}{\cos\varphi}(\gamma h\tan\varphi+c)\eta$$

$$\eta=1-0.8\frac{M_g}{M}\eta=1-0.8\frac{M_g}{M} \tag{8-20}$$

式中 $\sigma_{h/3}$、σ_h——泥面以下 $h/3$ 处和 h 处土的水平压应力，kPa；

φ——土的内摩擦角，(°)；

γ——土的容重，kN/m^3，对透水材料，应考虑水的浮力作用；

h——桩的入土深度，m；

c——土的黏聚力，m；

η——考虑总荷载中恒载所占比例的影响系数；

M_g——恒载对桩底中心产生的力矩，$kN \cdot m$；

M——总荷载对桩底产生的力矩，$kN \cdot m$。

嵌岩桩在水平力作用下的受力特性宜通过静载荷试验确定。对于不进行水平静载荷试验的嵌岩桩，当嵌岩端按固结设计时，嵌岩深度应大于计算嵌岩深度，且应大于

1.5倍嵌岩段桩径。计算嵌岩深度可按下式计算：

$$h'_r \geqslant \frac{4.23V_d + \sqrt{17.92V_d^2 + 12.7\beta f_{rk}M_d D'}}{\beta f_{rk} D'} \quad (8-21)$$

式中　h'_r——计算嵌岩深度，m；

　　　V_d——基岩顶面处桩身剪力设计值，kN；

　　　β——系数，取 0.2～1.0，根据岩层侧面构造和风化程度而定，节理发育的取小值，反之取大值，中风化岩不宜大于 0.6；

　　　f_{rk}——岩石单轴饱和抗压强度标准值，kPa（f_{rk} 的取值应根据工程勘察报告提供的数据并结合工程经验确定；当 βf_{rk} 大于桩身混凝土轴心抗压强度标准值 f_{ck} 时，βf_{rk} 取 f_{ck}）；

　　　M_d——基岩顶面处桩身弯矩设计值，kN·m；

　　　D'——嵌岩段桩身直径，m。

进入基岩的桩，应根据基岩性能按下列规定确定计算方法：

（1）当岩石单轴饱和抗压强度标准值 f_{rk} 大于 30MPa 时，可按嵌岩桩计算；

（2）当岩石单轴饱和抗压强度标准值 f_{rk} 小于 10MPa 时，可按灌注桩计算；

（3）当岩石单轴饱和抗压强度标准值在 10MPa 与 30MPa 之间时，应根据岩体的结构和成分，综合分析其与桩身的相互作用特性，确定采用的计算方法。在岩面处能对桩身有效嵌固时，可按嵌岩桩计算；当基岩基本反映为土的特性时，应按灌注桩计算。

在考虑覆盖层土对嵌岩桩的水平抗力方面：当覆盖层较薄且强度较低时，不宜考虑覆盖层土的作用；当覆盖层较厚或有一定厚度且强度较高时，可计入覆盖层土的作用。

3. 桩基强度及稳定性验算

桩基所受的荷载应采用考虑了结构和土对桩提供约束的合理分析来校核未受土侧向约束的桩段的内荷载。在桩体强度验算过程中，应考虑因海床冲刷而形成的土体运动的影响。桩身轴向应力验算应满足下式要求：

$$\sigma = \frac{N}{A} \pm 0.9 \frac{\sqrt{M_x^2 + M_y^2}}{W} \leqslant [\sigma] \quad (8-22)$$

式中　σ——桩身最大拉、压应力，kPa；

　　　N——桩身轴向力设计值，kN；

M_x、M_y——计算截面分别绕 x 轴、y 轴的弯矩设计值，kN·m；

　　　W——计算剖面截面系数，m³；

　　　A——计算剖面截面面积，m²；

　　　$[\sigma]$——管桩抗拉压应力许用值，kPa。

由于基础的主要目的是在设计寿命期内将所有载荷从风机结构安全地转移到地基中。设计计算应确保地基上的最大荷载低于地基的承载力，因此设计的第一步是考虑所有可能的设计载荷工况，估算基础上的最大载荷（主要是倾覆力矩、横向载荷和垂直载荷）。随后，将所受载荷与基础的承载力进行比较，这种计算对于避免基础失效是必要的。例如，图 8-2（a）和 8-2（b）展示了两个单桩在 ULS 工况下的失效情况。在图 8-2（a）的情况下，由于基础周围的土壤破坏，最终导致基础连根拔起失效。另一方面，图 8-2（b）显示了通过形成塑性铰链使桩失效的情况，其中单桩的倾覆力矩超过了桩的塑性力矩承载能力。图 8-2（c）显示的则是桩基在 SLS 工况下因为位移过大而失效的情况。

(a) ULS：超过基础的最终横向承载力（土壤破坏）破坏　　(b) ULS：通过桩的塑性铰链失效（桩屈服破坏）　　(c) SLS：倾斜角度超过允许值（适用性故障）

图 8-2　ULS 失效工况和 SLS 失效工况

此外，根据桩基的长径比，可以分为塑性失效和柔性失效两种模式。如图 8-3（a）所示，塑性失效通常出现在较短的刚性桩中，土体发生严重塑性变形而失去承载力；如图 8-3（b）所示，对于细长桩，通常以柔性失效为主，在这种情况下，由于桩体自身发生塑性变形而失效。

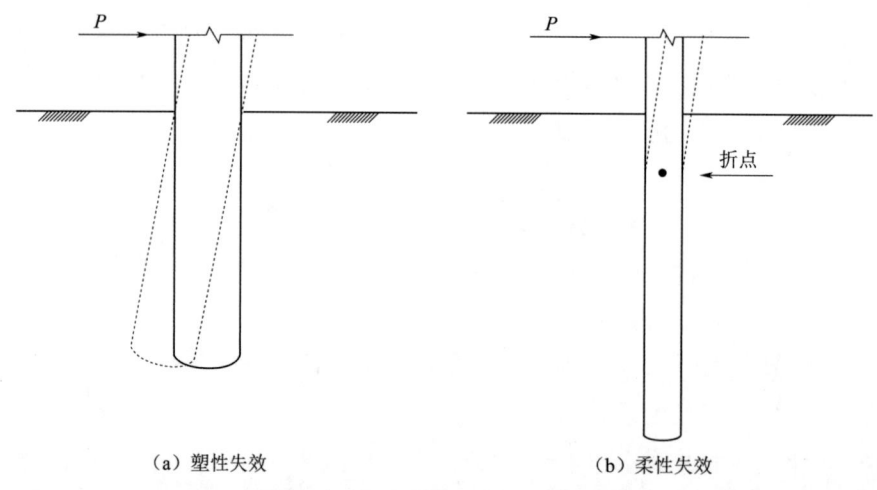

(a) 塑性失效　　(b) 柔性失效

图 8-3　刚性短桩与细长柔性桩土体的失效形式图

对于长期变形设计，需要估算基础的弯矩承载能力，可采用简化方法（基于手算的方法），标准方法（Winkler 弹性地基梁模型）或有限元方法。桩水平承载力可根据工程经验采用 m 法、$p-y$ 曲线法或 NL 法计算。

m 法基于土体线弹性假设，将桩周土体假设为完全弹性体，由于不能体现桩-土非线性作用的实际情况，参数的选择受限于桩体位移大小，在桩基发生大位移的情况下结果不准确，现在已很少使用。

$p-y$ 方法考虑到土体的塑性变形效应，将桩周土体等效为一系列的非线性弹簧，弹簧的荷载-位移曲线即用 $p-y$ 曲线定义，对应的 $t-z$ 曲线、$q-z$ 曲线对竖向和桩端非线性弹簧属性进行定义，该方法能够较好地模拟土体的非线性力学特性，适用于大变位、线形和非线性情况，保证了桩土之间的变形协调，考虑了静载和循环荷载，在一定程度上避免了单一参数的缺陷，能全面反映桩基的工作性状，是目前桩基承载力设计应用最常用的方法。

NL 法是一种简化的 $p-y$ 方法，是早期缺乏现场实测资料，且缺乏辅助工具时的一种替代方法，能在一定程度上体现桩-土非线性作用，随着计算机及专业软件的广泛使用，NL 法已经逐渐失去了实用性。

在海洋工程结构设计中，通常采用 API RP 2A WSD 2014 推荐的 $p-y$ 方法来计算桩头变形（挠度和旋转）和地基刚度。该方法的基础是 Winkler 弹性地基梁模型，桩土相互作用被建模为沿桩轴向分布的独立弹簧。每个弹簧通过桩的每单位长度的土壤应力 p 与相应的土桩水平位移 y 之间的非线性关系来定义，p 和 y 之间的比例系数（地基反应模量 k）可由土压力除以桩基变形获得。

8.3.2 自振频率设计

由风机、塔筒和基础这三种构件组成的风机岛在空间上会受到风荷载、波浪荷载以及海水流动荷载的影响，而这些荷载并非恒定不变，而是以不同的频率反复波动。在很多情况下，风、浪、流三种载荷会出现耦合现象，此时作用于整个风机岛的激励作用以低频激励为主，极易引发结构的共振，从而导致疲劳破坏，所以在设计之初就必须分析风机岛自身的共振问题。图 8-4 展示了风机岛整体所受到的荷载，包括风荷载、波浪荷载、海流荷载等因素。

整个风机岛是否会产生共振取决于环境和风机的使用情况，如风的湍流规律、波浪周期以及风机工作时的频谱（$1P$ 范围）等。湍流风速和海上波浪高度都是变量，因此最好使用功率谱密度（PSD）函数进行统计处理。换句话说，就是用频域分析来替代时域分析，以此来分析各个频率中湍流风和海浪对全部能量的贡献。典型湍流风和波浪的频谱可以通过对来自特定地点的数据进行离散傅里叶变换（DFT）来获取频域信息。然而，在缺乏数据的情况下，也可以使用理论频谱，有些实际规范中也会指

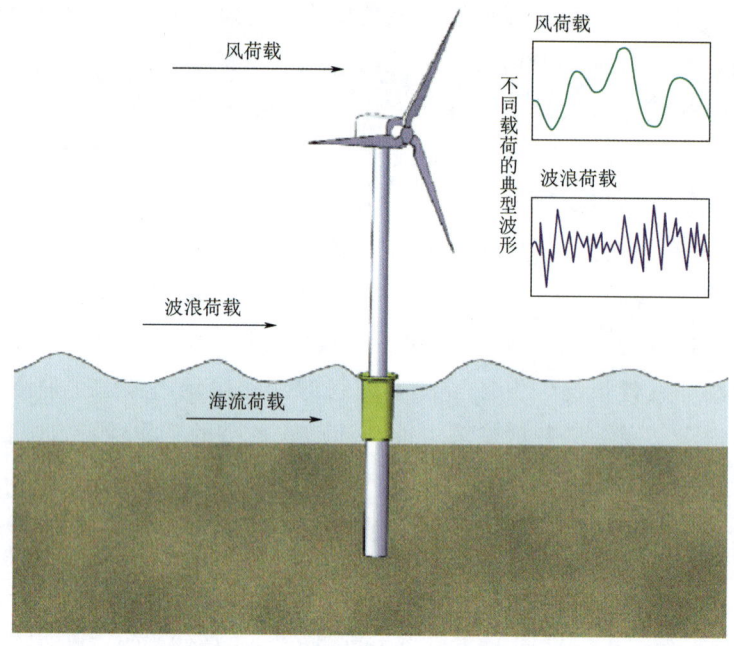

图 8-4 风机基础整体受到的荷载[18]

定风的频谱和波浪的频谱。

图 8-5 是海上风电机组固有频率设计方案示意图,图中显示了 1P 和 3P 频段以及风和浪的频带。DNV 的规范规定:第一阶固有频率不应在 1P 和 3P 附近 10% 范围内,在图中这个范围被称为"安全边际"。因此,风机的第一阶固有频率需要设置在一个非常狭窄的频段内。对于某些情况而言,1P 和 3P 范围甚至可能重合,没有非共振区,在这种情况下,控制系统在设计时就需要调整控制策略,以避开 1P 范围内的某些频率。

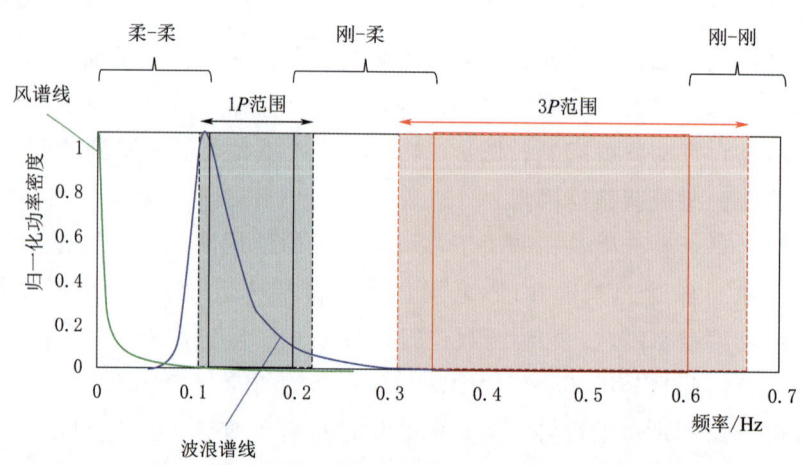

图 8-5 海上风电机组固有频率设计方案示意图

在设计和制造过程中，需要风机制造商和结构工程师的协同合作，这一过程涉及流体力学、结构力学、水动力学等多个交叉学科。在目前的实际工程中，风机制造商会提供塔筒和叶片-转子装配的详细设计，而剩余的过渡链接段和基础设计部分则交由基础结构工程师来设计完成。从结构的第一阶固有频率 f_0 的角度来看，有三种类型的设计是可以实现的：

(1) 柔性（soft-soft，图8-5中为"柔-柔"）设计，这一设计使得第一阶固有频率 f_0 位于 1P 频率范围（$f_0 < f_{1P,\min}$）以下。这种结构的刚度极低，变形难以控制，因而不适用于实际工程。

(2) 柔刚性（soft-stiff，图8-5中为"柔-刚"）设计，其中 f_0 介于 1P 和 3P 频率范围之间（$f_{1P,\max} < f_0 < f_{3P,\min}$），这是当前海上风机设计中普遍采用的方式。

(3) 刚性（stiff-stiff，图8-5中为"刚-刚"）设计，其中 f_0 的固有频率高于 3P 带的上限（$f_0 > f_{3P,\min}$）。采用这种设计方案需要极大的结构刚度，会耗费大量的材料，经济性较差。

然而，刚性设计伴随着较高的固有频率，这就需要大刚度的支撑结构，其材料费用、运输费用和安装费用都十分高昂。因此，从经济角度考虑，需要更为柔性的结构。几乎所有已安装的海上风机都采用了"soft-stiff"设计，而且这种设计也是未来的发展趋势。此外，在设计柔-刚性风机系统时，还需要考虑动态放大效应以及因动态载荷对风机系统的影响而导致的系统固有频率的潜在变化，即动态结构-基础-土壤的相互作用。需要注意的是：

(1) 土壤刚度的变化会改变系统的固有频率，进而影响基础的动力学性能和疲劳性能。

(2) 土壤刚度随时间的变化关系对于基础设计至关重要。从理论上讲，任何土壤都可归为应变硬化或应变软化两类，这取决于在重复应变下地面刚度的变化情况。研究表明，纯沙地在低到中等应变载荷下会呈现出应变硬化的特征；而黏土中孔隙水压力会逐渐累积，在大应变条件下，黏土部位将表现出应变软化的特征。另外，松散的中等密度沙地在遭受如地震等大应变载荷时，可能会瞬间"液化"，也可归为应变软的范畴。

(3) 由于海上风机结构极为复杂，在实际情况下难以通过理论公式直接计算系统的固有频率，在当前的海上风机设计中，通常采用有限元等数值方法来计算结构的固有频率。

第 9 章 简化设计实例

风机基础的简化设计能够助力工程设计单位较快地获取一些设计参数，并且能够确保这些参数具有较高的准确性。合理运用简化设计方法，可有效提升工程设计单位在整个设计过程中的工作效率。本章以海上风电产业中应用最为广泛的单桩和导管架基础型式为例，对风机基础的简化设计方法进行阐述。

9.1 设 计 流 程

下面以某海上风电场的基础设计为例对设计流程进行说明。海上风电单桩基础和导管架基础的简化设计流程分别如图9-1和图9-2所示。从图9-1和图9-2中可以看出，这两种基础形式的设计流程大致相同，仅在图中虚线框内的步骤存在一些尺寸参数设计上的差异。

海上风电场基础的简化设计流程包括输入参数流程和计算流程。单桩基础和导管架基础在输入参数流程的设计上相同，输入参数包括：①确定设计准则；②获取基本的风机参数；③获取海洋水文数据；④获取地勘资料。

计算流程包括估算基础结构尺寸、计算结构载荷以及进行结构安全校核。单桩和导管架基础的设计流程基本相似，但由于两者的结构型式不同，会存在一些步骤上的差别。单桩基础的具体计算流程如下：

（1）估算桩基直径。

（2）计算基础载荷。

（3）估算地基承载能力。

（4）整体和局部稳定性验算（参考DNV、GL规范）。

（5）验算当前设计是否满足极限工况要求，若不满足，则修改桩基尺寸，如桩的直径、嵌入深度、壁厚、材料等，然后重新应用荷载系数和材料安全系数。若满足，则进行后续设计。

（6）估算地基刚度（包括平动、转动、对角耦合）。

（7）根据基础刚度计算最大泥面变形（包括位移和转角）。

（8）再次验算当前设计是否满足极限工况要求，若不满足，则修改桩基尺寸。

（9）根据输入数据计算整机频率，并验算当前结构的自振频率是否满足要求，若不满足，则可通过修改塔筒尺寸（包括塔筒直径、塔筒壁厚、材料等）以及桩基尺寸来使其满足要求。

（10）长期性状分析。

1）长期变形和转角。

2）自振频率变化。

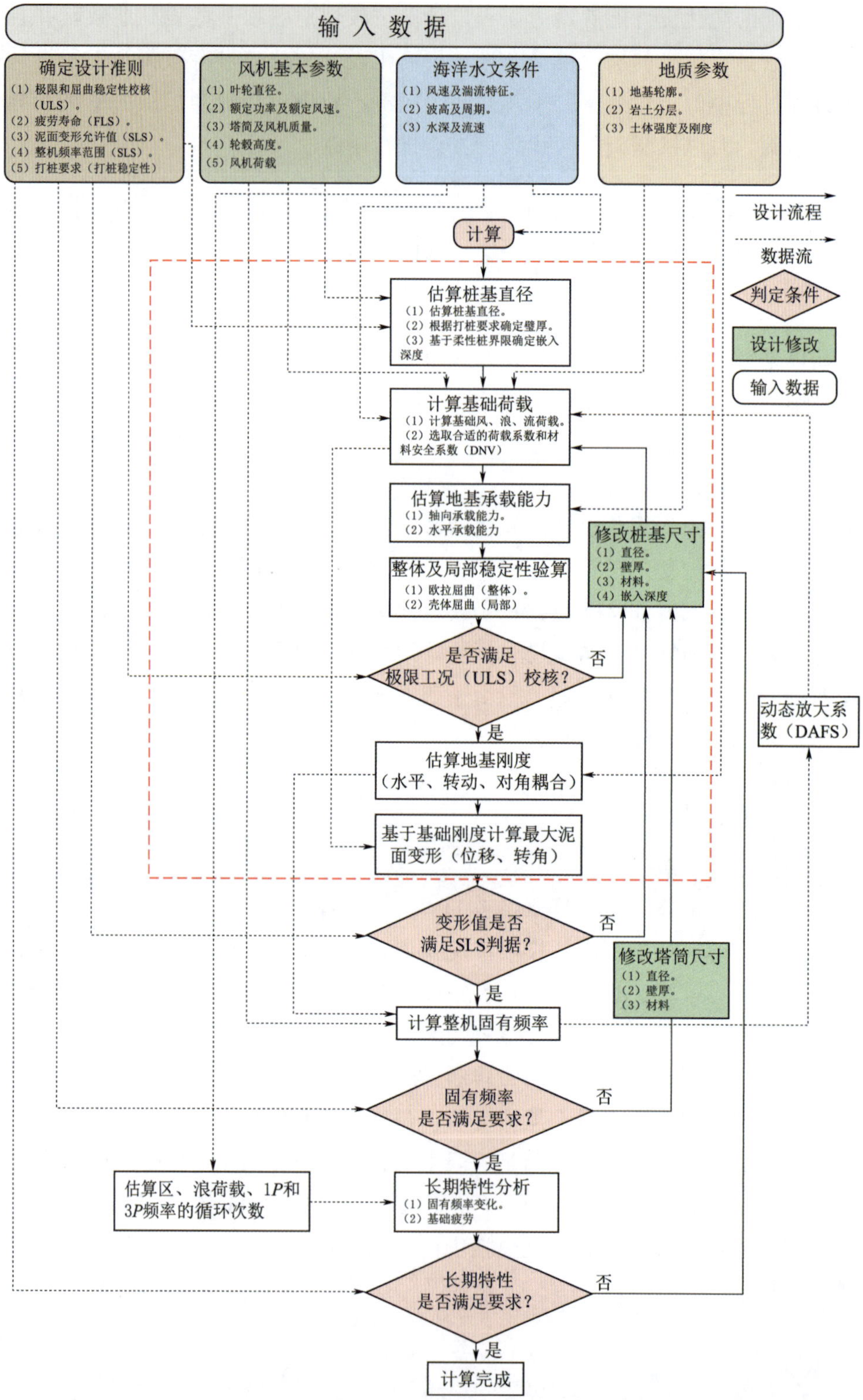

第9章 简化设计实例

图 9-1　单桩基础简化设计流程

9.1 设计流程

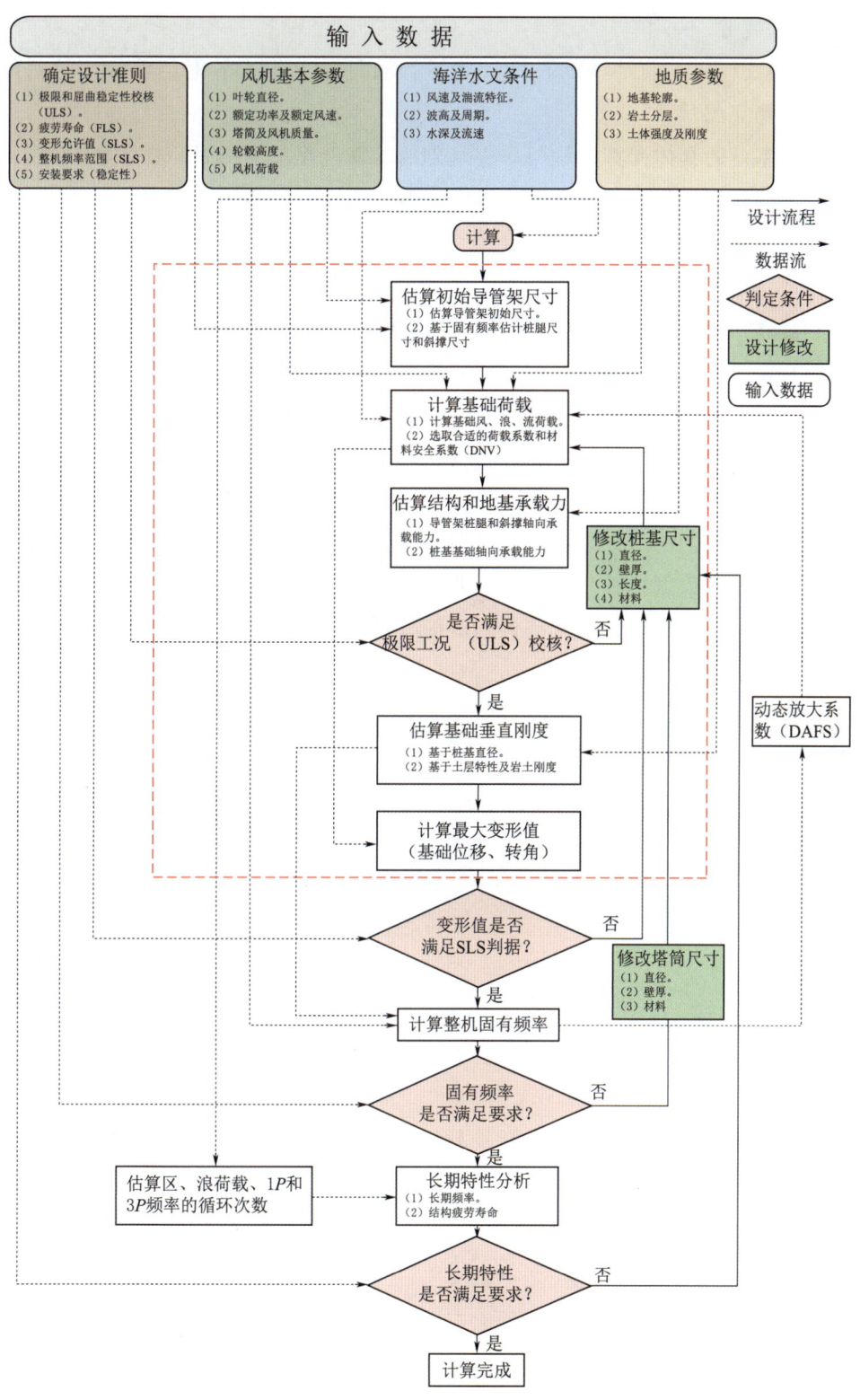

图 9-2 导管架基础简化设计流程

3）基础疲劳。

（11）再次校核当前结构的长期性状是否满足要求，若不满足则修改桩基尺寸，若满足则计算完成。

导管架基础的具体计算流程与单桩基础的计算流程基本相同，具体如下：

(1) 估算包括导管架基础高程、桩距及斜撑角度在内的导管架初始尺寸。

(2) 计算基础载荷。

(3) 估算地基极限承载能力。

(4) 验算初始设计是否满足极限工况要求，若不满足，则修改尺寸，如桩的直径、斜撑直接、壁厚、材料，然后重新应用荷载系数和材料安全系数。若满足，则进行后续设计。

(5) 估算地基刚度（包括平动、转动、对角耦合）。

(6) 根据基础刚度计算最大泥面变形（包括位移和转角）。

(7) 再次验算当前设计是否满足极限工况要求，若不满足，则修改桩基尺寸。

(8) 根据输入数据计算整机频率，并验算当前结构的自振频率是否满足要求，若不满足，则可通过修改塔筒尺寸（包括塔筒直径、塔筒壁厚、材料等）以及桩基尺寸来使之满足要求。

(9) 长期性状分析。

1）长期变形和转角。

2）自振频率变化。

3）基础疲劳。

(10) 再次校核当前结构长期性状是否满足要求，若不满足则修改桩基尺寸，若满足则计算完成。

9.2 设 计 控 制 标 准

风机基础的设计应满足如下设计控制标准。

1. 极限承载力和屈曲稳定性校核

（1）地基的承载能力必须大于最大的设计荷载（包括水平力、竖向力和倾覆弯矩），即 $M_{ULS}<M_f$，$F_{ULS}<F_f$。

（2）桩的屈服强度应高于桩身最大应力，即 $\sigma_m<f_{yk}$。

（3）应避免整体屈曲（如欧拉屈曲或者圆柱屈曲）的发生，即 $V_{ULS}<V_f$。

（4）应避免局部屈曲（如壳体屈曲）的出现。

2. 疲劳寿命设计

基础设计寿命至少25年，$T_L>25$ 年。

3. 泥面变形允许值

(1) 泥面处桩身初始变形小于 0.2m，$\rho_0<0.2$m。
(2) 泥面处桩身初始转角小于 0.25°，$\theta_0<0.25°$。
(3) 泥面处桩身累积变形小于 0.2m，$\rho_{acc}<0.2$m。
(4) 泥面处桩身累积转角小于 0.25°，$\theta_{acc}<0.25°$。

4. 整机频率范围

风机基础-塔架-基础-地基系统的整机固有频率应避开叶片转动1P频率至少10%的裕度，$f_0>1.1f_{1p,\max}$。

5. 打桩要求（打桩稳定性）

桩的厚度（初始估算）应满足下式要求：

$$t_p \geqslant 6.35 + \frac{D_p}{100}$$

式中 t_p——桩的厚度，mm；
D_p——桩的直径，mm。

9.3 单桩设计实例

9.3.1 参数输入

在进行单桩基础的简化计算时，需要考虑多个参数，这些参数涵盖风机参数、塔筒参数、桩基参数、海洋气象参数以及地质参数等。案例的详细参数设置见表9-1～表9-5。

表 9-1　　　　　　　　　　风　机　参　数

风机参数	符　号	数　值	单　位
轮毂高度	Z_{hub}	87	m
叶轮直径	D	120	m
额定风速	U_R	12	m/s
机舱重量	m_{RNA}	243	t
风机转动速度范围	Ω	5～13	r/min

表 9-2　　　　　　　　　　　　　　　塔筒参数

塔筒参数	符号	数值	单位
塔筒顶部直径	D_t	3	m
塔筒底部直径	D_b	5	m
塔筒总质量	m_T	250	t
塔筒底至泥面的距离	L_s	41.48	m
塔筒长度	L_T	68	m
塔筒密度	ρ_T	7860	kg/m³
塔筒杨氏模量	E_T	200	GPa

表 9-3　　　　　　　　　　　　　　桩基材质参数

桩基材质参数	符号	数值	单位
DH36 钢杨氏模量	E_P	200	GPa
DH36 钢密度	ρ_P	7860	kg/m³
DH36 钢屈服强度	f_{yk}	355	MPa
灌浆过渡段厚度	$t_G + t_{TP}$	0.15	m

表 9-4　　　　　　　　　　　　　　海洋气象参数

海洋气象参数	符号	数值	单位
风速威布尔分布形状参数	s	1.8	—
风速威布尔分布尺度参数	K	8	m/s
参考扰动强度	I	18	%
扰动整体长度尺度	L_k	340.2	m
空气密度	ρ_a	1.225	kg/m³
50 年一遇有义波高	H_s	6.6	m
峰波周期	T_s	9.1	s
50 年一遇最大波高	H_m	12.4	m
最大波峰周期	T_m	12.5	s
50 年一遇水位的最大水深	S	25	m
海水密度	ρ_w	1030	kg/m³

表 9-5　　　　　　　　　　　　　　　地质参数

地质参数	符号	数值	单位
土体浮重度	γ'	9	kN/m³
土体内摩擦角	ϕ'	28	(°)
土体地基反力模量	n_h	4000	kN/m³

9.3.2 结构设计

桩身的初始尺寸是依据 ULS 设计荷载来进行估算的，在计算荷载时，首先需计算出风机的风荷载，而波浪荷载与单桩直径有关，所以需先对单桩直径进行估算。

桩壁厚的初始值可参照美国石油协会标准 API 2005 取值，即

$$t_p \geqslant 6.35 + \frac{D_p}{100} \tag{9-1}$$

式中 t_p——桩壁厚，mm；
D_p——桩直径，mm。

利用式（9-1）可得桩截面面积惯性矩为

$$I_p = \frac{1}{8}(D_p - t_p) \times 3t_p\pi = \frac{1}{8}\pi\left(D_p - 6.35 - \frac{D_p}{100}\right)^3\left(6.35 + \frac{D_p}{100}\right) \tag{9-2}$$

为了避免桩身屈服，以下要求必须满足：

$$\sigma_m = \frac{M_{wind,EOG}}{I_p} \times \frac{D_p}{2} < \frac{f_{yk}}{\gamma_M} \approx 322.7 \tag{9-3}$$

式中 σ_m——最大弯曲应力，MPa；
$M_{wind,EOG}$——极大风速时风机作用于桩的力矩，MN·m；
f_{yk}——桩材料屈服应力，MPa；
γ_M——材料安全系数，这里取为 1.1。

所需直径由下式确定：

$$\frac{D_p}{I_p} < \frac{2f_{yk}}{\gamma_M M_{wind,EOG}} \tag{9-4}$$

预设桩直径 $D_p = 5$m，则桩的厚度 $t_p = 56.35$mm。

随着桩直径的确定，桩的入土深度也能够得以确定，Poulos 和 Davis 公式能用来估算所需嵌入深度：

$$L_p = 4.0\left(\frac{E_p I_p}{n_h}\right)^{\frac{1}{5}} \approx 42.39 \tag{9-5}$$

式中 L_p——嵌入深度，m；
E_p——桩材料的弹性模量，Pa；
n_h——地基反力系数。

9.3.3 结构校核

9.3.3.1 荷载计算

波浪荷载估算的一种简化方法是通过 Morison（或 MOJS）方程来求解。在这些方程中，构件的直径设为 $D_s = D_p + 2t_{TP} + 2t_G$(m)，以此来考虑过渡段厚度（$t_{TP}$）以

及灌浆段厚度（t_G），圆形构件面积 A_s 也由此直径计算得出。本小节基于线性波理论得出波面标高 η、水平水质点速度 W 以及水平水质点加速度 $\dot{w}$，具体计算公式如下：

$$\eta(x,t) = \frac{H_m}{2}\cos\left(\frac{2\pi t}{T_s} - kx\right) \tag{9-6}$$

$$w(x,z,t) = \frac{\pi H_m \cosh[k(s+z)]}{T_s \sinh(ks)}\cos\left(\frac{2\pi t}{T_s} - kx\right) \tag{9-7}$$

$$\dot{w}(x,z,t) = \frac{-2\pi^2 H_m \cosh[k(s+z)]}{T_s^2 \sinh(ks)}\sin\left(\frac{2\pi t}{T_s} - kx\right) \tag{9-8}$$

结构单位长度上的力是拖曳力 F_D 和惯性力 F_I 的和，即

$$\begin{aligned} dF_{wave}(z,t) &= dF_D(z,t) + dF_I(z,t) \\ &= \frac{1}{2}\rho_w D_s C_D(z,t)|w(z,t)| + C_M \rho_w A_s \dot{w}(z,t) \end{aligned} \tag{9-9}$$

式中　C_D——为拖曳力系数；

　　　C_M——为惯性力系数；

　　　ρ_w——为海水密度。

泥面处的波浪力和波浪弯矩的计算公式如下：

$$F_{wave}(t) = \int_{-s}^{\eta} dF_D dz + \int_{-s}^{\eta} dF_I dz \tag{9-10}$$

$$M_{wave}(t) = \int_{-s}^{\eta} dF_D(S+Z_{hub}) dz + \int_{-s}^{\eta} dF_I(S+Z_{hub}) dz \tag{9-11}$$

拖曳力荷载和惯性力荷载的峰值发生在不同的时刻，因此两者需分开计算。惯性力荷载的最大值发生在 $t=0$，$\eta=0$ 的时刻，最大拖曳力荷载发生于 $t=T_m/4$，$\eta=H_m/2$ 的时刻。

其中波数 k 由以下关系确定：

$$\omega^2 = gk\tanh kS \tag{9-12}$$

$$\omega = \frac{2\pi}{T_S} \tag{9-13}$$

波浪条件输入参数见表 9-6。

表 9-6　　　　　　　　波浪条件输入参数

输入参数	符号	数值	单位
计算直径	D	5.3	m
计算水深	S	25	m
拖曳力系数	C_D	1.2	—
惯性力系数	C_M	2	—
海水密度	ρ_w	1030	kg/m³

9.3 单桩设计实例

续表

输入参数	符 号	数 值	单 位
五年一遇有效波高	H_1	5.3	m
五年一遇有效波周期	T_1	8.1	s
五年一遇最大波高	H_2	10	m
五年一遇最大波周期	T_2	11.2	s
五十年一遇有效波高	H_3	6.6	m
五十年一遇有效波周期	T_3	9.1	s
五十年一遇最大波高	H_4	12.4	m
五十年一遇最大波周期	T_4	12.5	s

经计算，波况 1 下波数 $K_1=0.0660$，波况 2 下波数 $K_2=0.0414$，波况 3 下波数 $K_3=0.0552$，波况 4 下波数 $K_4=0.0360$。

五年一遇有效波高的输出结果见表 9-7；五十年一遇有效波高的输出结果见表 9-8；五年一遇最大波高的输出结果见表 9-9；五十年一遇最大波高的输出结果见表 9-10。

表 9-7　　　　　　　　　五年一遇有效波高输出结果

输出结果（五年一遇有效波高）	符 号	数 值	单 位
海水密度	ρ_w	1030	kg/m³
拖曳力系数	C_D	1.2	—
惯性力系数	C_M	2	—
计算水深	S	25	m
计算直径	D	5.3	m
投影面积	A_S	22.06	m²
波高	H	5.3	m
波周期	T	8.1	S
波数	k	0.0660	—
相位角	θ	90	(°)
波浪力（泥面）	F	1322.2	kN
波浪弯矩（泥面）	M	22090.5	kN·m

表 9-8　　　　　　　　　五十年一遇有效波高输出结果

输出结果（五十年一遇有效波高）	符 号	数 值	单 位
海水密度	ρ_w	1030	kg/m³
拖曳力系数	C_D	1.2	—

续表

输出结果（五十年一遇有效波高）	符 号	数 值	单 位
惯性力系数	C_M	2	—
计算水深	S	25	m
计算直径	D	5.3	m
投影面积	A_S	22.06	m^2
波高	H	6.6	m
波周期	T	9.1	s
波数	k	0.0552	—
相位角	θ	90	(°)
波浪力（泥面）	F	1586.8	kN
波浪弯矩（泥面）	M	26123.2	kN·m

表 9-9　　　　　　　　　五年一遇最大波高输出结果

输出结果（五年一遇最大波高）	符 号	数 值	单 位
海水密度	ρ_w	1030	kg/m^3
拖曳力系数	C_D	1.2	—
惯性力系数	C_M	2	—
计算水深	S	25	m
计算直径	D	5.3	m
投影面积	A_S	22.06	m^2
波高	H	10	m
波周期	T	11.2	s
波数	k	0.0414	—
相位角	θ	90	(°)
波浪力（泥面）	F	2230.3	kN
波浪弯矩（泥面）	M	37175.3	kN·m

表 9-10　　　　　　　　　五十年一遇最大波高输出结果

输出结果（五十年一遇最大波高）	符 号	数 值	单 位
海水密度	ρ_w	1030	kg/m^3
拖曳力系数	C_D	1.2	—
惯性力系数	C_M	2	—
计算水深	S	25	m
计算直径	D	5.3	m

续表

输出结果（五十年一遇最大波高）	符号	数值	单位
投影面积	A_s	22.06	m^2
波高	H	12.4	m
波周期	T	12.5	s
波数	k	0.0360	—
相位角	θ	90	(°)
波浪力（泥面）	F	2650.0	kN
波浪弯矩（泥面）	M	45194.6	kN·m

风电机组基础结构的荷载作用效应需按照承载能力极限状态和正常使用极限状态进行组合。按承载能力极限状态设计风机基础时，应考虑荷载效应的基本组合；按正常使用极限状态设计风机基础时，应考虑荷载效应的标准组合。

基础顶风机荷载通常由风机厂家提供，本章中风机荷载的取值见表9－11。

表9－11　　　　　　　　　风　机　荷　载

荷载分项	标准值	设计值（含1.35系数）
水平力 F_{xy}/kN	2863	3865
弯矩 M_{xy}/kN·m	251782	339906

将风电机组荷载与波浪荷载进行组合，荷载分项系数与荷载组合系数见表9－12。

表9－12　　　　　　　荷载分项系数与荷载组合系数

工况	荷载分项系数		荷载组合系数
	风电机组荷载	波浪荷载	
承载能力极限工况	1.35	1.35	0.7
正常使用极限工况	1	1	0.7

在ULS工况下，将各个荷载与之对应的荷载作用分项系数相乘，若波浪荷载主导，则将波浪荷载与荷载组合系数再相乘；若风电机组荷载主导，则就将风电机组荷载与荷载组合系数再相乘，最后将风机荷载与波浪荷载相加得到荷载组合值。不同工况下的荷载组合结果见表9－13。

表9－13　　　　　　　　　荷　载　组　合　结　果

工况	ULS（风机荷载主导）	ULS（波浪荷载主导）	SLS（风机荷载主导）	SLS（波浪荷载主导）
水平力 F_{yz}/kN	6369	6283	4718	4654
弯矩 M_{yz}/(kN·m)	382615	298947	283418	221442

9.3.3.2 桩基承载力

在假定土体抗力随深度呈线性变化（即一些无黏性土壤和轻度过固结黏土的情况），且土体首先发生破坏（即桩体未发生塑性铰破坏）的地基条件下，桩基础的水平荷载承载力和弯矩承载力可由下述公式得出：

$$F_R = \frac{0.5\gamma D_P L_P^3 K_P}{e + L_P} = \frac{3}{2}\gamma' D_P K_P f^2 \tag{9-14}$$

$$K_P = \frac{1 + \sin\varphi'}{1 - \sin\varphi'} \tag{9-15}$$

$$M_R = F_R\left(e + \frac{2}{3}f\right) \tag{9-16}$$

$$f = 0.82\sqrt{\frac{F_R}{D_P K_P \gamma}} \approx 15.81 \tag{9-17}$$

式中 γ'——无黏性土的浮容重（假定不随深度变化）；

D_P、L_P——桩直径和桩嵌入深度；

e——荷载偏心率（$e = M/F$）；

φ'——有效内摩擦角；

M_R、F_R——地基弯矩承载力和水平承载力。

将参数代入上述公式得到计算结果：$K_P \approx 2.77$；$F_R \approx 46331.76 \text{kN}$；$f \approx 15.81 \text{m}$；$M_R \approx 3271669.92 \text{kN}\cdot\text{m}$。

9.3.3.3 结构强度

根据 ULS 判据来验算当前设计值是否满足承载能力极限工况的要求，地基承载力的计算值取荷载组合值中的最大值，桩身的最大应力由下式确定：

$$\sigma_{\max} = \frac{\max(M_{yz} D_P)}{2 I_P} \tag{9-18}$$

地基承载力验算以及桩身最大应力验算见表 9-14、表 9-15。

表 9-14　　　　　　　　　　地基承载力验算

计算结果	符 号	数 值	单 位
地基水平承载力	F_R	46333	kN
地基抗弯承载力	M_R	3271643	kN·m

表 9-15　　　　　　　　　　桩身最大应力验算

桩身最大应力	计 算 值	允 许 值	是否满足设计要求
$\sigma_{\max}$/MPa	358	323	不满足，请增加桩径

结果表明，地基承载力满足设计要求，但桩身最大应力不满足设计要求，故需增

加桩的直径。变更结果见表 9-16。

表 9-16　尺 寸 变 更

项　目	数　值	单　位
直径变更	5.3	m
壁厚变更	59	mm
截面惯性矩变更	3.4	m^4

变更直径后进行验算，荷载更新结果如表 9-17～表 9-19 所示，地基承载力与桩身最大应力的验算结果如表 9-20、表 9-21 所示。

表 9-17　波浪荷载标准值变更

荷载分项（标准值）	五年一遇有效波高	五年一遇最大波高	五十年一遇有效波高	五十年一遇最大波高
水平力 F_{xy}/kN	1322	2231	1587	2650
弯矩 M_{xy}/(kN·m)	22090	37180	26121	45201

表 9-18　波浪荷载设计值变更

荷载分项（设计值 1.35）	五年一遇有效波高	五年一遇最大波高	五十年一遇有效波高	五十年一遇最大波高
水平力 F_{xy}/kN	1785	3011	2142	3578
弯矩 M_{xy}/(kN·m)	29821	50193	35264	61022

表 9-19　荷 载 组 合 值 变 更

工　况	ULS（风机荷载主导）	ULS（波浪荷载主导）	SLS（风机荷载主导）	SLS（波浪荷载主导）
水平力 F_{yz}/kN	6370	6284	4718	4655
弯矩 M_{yz}/(kN·m)	382621	298956	283423	221449

表 9-20　地 基 承 载 力 验 算

地基承载力	计　算　值	允　许　值	是否满足设计要求
F/kN	6370	49114	满足
M/(kN·m)	382621	3467900	满足

表 9-21　桩 身 最 大 应 力 验 算

桩身最大应力	计　算　值	允　许　值	是否满足设计要求
σ_{max}/MPa	302	323	满足

经检验，变更直径后，地基承载力与桩身最大应力均满足设计要求，得出的桩基尺寸见表 9-22。

表 9-22　　　　　　　　　　　　　　桩基尺寸更新

项　目	数　值	单　位
直径	5.3	m
壁厚	59.3	mm
截面惯性矩	3.4	m⁴

9.3.3.4　基础位移

基础刚度依据 Poulos and Davis 公式进行估算，该公式需要知晓黏土的地基反力模量以及无黏性砂土的地基反力系数。顶层土主要用于计算变形和刚度。这里以 Terzaghi 地基反力系数 $n_h=4\text{MN/m}^3$ 为基础，对砂层和淤泥层进行近似计算。对于中砾砂中的柔性桩，基础的刚度根据 Poulos and Davis 公式来确定：

$$K_L=1.074n_h^{0.6}(E_pI_p)^{0.4} \tag{9-19}$$

$$K_R=1.48n_h^{0.2}(E_pI_p)^{0.8} \tag{9-20}$$

计算结果见表 9-23。

表 9-23　　　　　　　　　　　　　基础刚度计算结果

地基刚度弹簧	符　号	计算结果	单　位
水平刚度弹簧	K_L	0.53	GN/m
对角耦合弹簧	K_{LR}	-5.40	GN
转动刚度弹簧	K_R	89.54	GN/rad

基础位移及转角根据式（9-21）、式（9-22）计算，其中 F_x 为 x 方向的侧向力，M_y 为首尾倾覆力矩（绕 y 轴），K_L 为水平刚度弹簧，K_R 为转动刚度弹簧，K_{LR} 为对角耦合弹簧，ρ 为 x 方向的位移，θ 为转角（倾斜或旋转方向）。

$$\rho=\frac{K_R}{K_LK_R-K^2_{LR}}F_x-\frac{K_{LR}}{K_LK_R-K^2_{LR}}M_y \tag{9-21}$$

$$\theta=-\frac{K_R}{K_LK_R-K^2_{LR}}F_x+\frac{K_L}{K_LK_R-K^2_{LR}}M_y \tag{9-22}$$

基础变形结果见表 9-24。

表 9-24　　　　　　　　　　　　　基础变形计算结果

基础变形及转角	符　号	计算结果	单　位
泥面位移	ρ	0.107690731	m
泥面转角	θ	0.009661168	rad
泥面转角	θ	0.553544151	(°)

9.3.3.5　自振频率

风机-塔筒-基础整体的结构固有频率由式（9-22）计算，其中 C_S、C_R、C_L 分别为子结构柔度系数，旋转基础柔度系数和侧向基础柔度系数。

$$f_0 = C_L C_R C_S f_{FB} \tag{9-23}$$

固定基础的固有频率为：

$$f_{FB} = \frac{1}{2\pi}\sqrt{\frac{3E_T I_T}{L_T^3\left(m_{RNA} + \frac{33}{140}m_T\right)}} \tag{9-24}$$

子结构柔度系数 C_S 是通过假设单桩一直延升到塔筒的底部进行计算的，塔筒长度为 68m，轮毂高度为 87m，机舱约为 5m 高，塔筒底至泥面的距离为 41.48m，子结构柔度系数表达式由两个无量纲参数 [抗弯刚度比 $\chi = E_T I_T/(E_P I_P)$，长度比 $\Psi = L_S/L_T$] 组成，C_S 的计算公式为

$$C_S = \sqrt{\frac{1}{1+(1+\Psi)^3\chi - \chi}} \tag{9-25}$$

无量纲基础刚度计算公式为

$$\begin{cases} \eta_L = \dfrac{K_L L_T^3}{EI_\eta} \\ \eta_R = \dfrac{K_R L_T}{EI_\eta} \end{cases} \tag{9-26}$$

基础柔度系数由下式确定：

$$\begin{cases} C_R = 1 - \dfrac{1}{1+0.6\left(\eta_R - \dfrac{\eta_{LR}^2}{\eta_L}\right)} \\ C_L = 1 - \dfrac{1}{1+0.5\left(\eta_L - \dfrac{\eta_{LR}^2}{\eta_R}\right)} \end{cases} \tag{9-27}$$

通过以上所述计算得整机固有频率 $f_0 = 0.31895\text{Hz}$。

波浪荷载的动力放大系数由峰值波频率和假定的阻尼比确定。沿风向（x）与垂直风向（y）的总阻尼率分别保守地取为 3% 和 1%。由于气动阻尼的作用，沿风向阻尼更大，在实际情况中，气动阻尼取决于风速，因此沿风向阻尼率在 2%～10% 之间。动力放大系数由下式进行计算：

$$DAF = \frac{1}{\sqrt{\left[1-\left(\dfrac{f}{f_0}\right)^2\right]^2 + \left(2\xi\dfrac{f}{f_0}\right)^2}} \tag{9-28}$$

式中 f——为激振频率；

   f_0——为特征频率；

   ξ——为阻尼率。

所有波况下的动力放大系数见表 9-25，此例中，沿风入射方向和垂直风入射方向的 DAF 差异可忽略不计。

表 9-25　　　　　　　　　　SLS 动力放大系数计算值

参数	符号	单位	波况一	波况二	波况三	波况四
波浪周期	T	s	8.1	11.2	9.1	12.5
波浪频率	f	Hz	0.123	0.089	0.110	0.080
阻尼率-沿风向	ζ_x	—	3%			
阻尼率-垂风向	ζ_y	—	1%			
动力放大系数-沿风向	DAF_x	—	1.176	1.085	1.134	1.067
动力放大系数-垂风向	DAF_y	—	1.176	1.085	1.135	1.067

9.3.3.6　荷载及频率更新复核

将动力放大系数考虑在内，对荷载进行重新计算，波浪荷载的更新值见表 9-26 所示，荷载组合的更新见表 9-27。

表 9-26　　　　　　　　　　波浪荷载更新

荷载分项（标准值）	五年一遇有效波高	五年一遇最大波高	五十年一遇有效波高	五十年一遇最大波高
水平力 F_{xy}/kN	2949	4591	3415	5365
弯矩 M_{xy}/(kN·m)	49274	76519	56215	91498

表 9-27　　　　　　　　　　荷载组合更新

工况	ULS（风机荷载主导）	ULS（波浪荷载主导）	SLS（风机荷载主导）	SLS（波浪荷载主导）
水平力 F_{yz}/kN	8935	9948	6619	7369
弯矩 M_{yz}/(kN·m)	426371	361456	315830	267745

对基础承载能力极限工况、正常使用极限工况以及频率进行复核，第一次验算的结果见表 9-28 所示，泥面转角的计算值接近允许值，因此进行迭代优化。

表 9-28　　　　　　　　　　计算值复核

地基承载力	计算值	允许值	是否满足设计要求
F/kN	8935.04783	76919.3356	满足
M/(kN·m)	426370.914	4535012.18	满足
σ_{max}/MPa	132.661448	322.727273	满足
泥面位移/m	0.0641768	0.2	满足
泥面转角/(°)	0.2469037	0.25	满足
f_0	0.31894682	0.24	满足

对直径进行变更,桩基尺寸变更见表 9-29,并对荷载、频率等进行更新,见表 9-30～表 9-35。

表 9-29　　　　　　　　　　　桩基尺寸变更

项　目	数　值	单　位
直径变更	7.4	m
壁厚变更	80.4	mm
截面惯性矩变更	12.4	m^4

表 9-30　　　　　　　　　　　波浪荷载值更新

荷载分项（标准值）	五年一遇有效波高	五年一遇最大波高	五十年一遇有效波高	五十年一遇最大波高
水平力 F_{xy}/kN	2577	4348	3093	5167
弯矩 M_{xy}/(kN·m)	43063	72480	50922	88118

表 9-31　　　　　　　　　　　荷　载　组　合

工　况	ULS（风机荷载主导）	ULS（波浪荷载主导）	SLS（风机荷载主导）	SLS（波浪荷载主导）
水平力 F_{yz}/kN	8748	9681	6480	7171
弯矩 M_{yz}/(kN·m)	423177	356893	313464	264365

表 9-32　　　　　　　　　　　固　有　频　率　计　算

当前计算参数	符　号	数　值	单　位
整机固有频率	f_0	0.322	Hz

表 9-33　　　　　　　　　　　动力放大系数更新

参　数	符　号	单　位	波况一	波况二	波况三	波况四
动力放大系数（沿风向）	DAF_x	—	1.172	1.083	1.132	1.066
动力放大系数（垂风向）	DAF_y	—	1.173	1.083	1.132	1.066

表 9-34　　　　　　　　　　　考虑 DAF 的波浪荷载

荷载分项（标准值）	五年一遇有效波高	五年一遇最大波高	五十年一遇有效波高	五十年一遇最大波高
水平力 F_{xy}/kN	3023	4711	3502	5508
弯矩 M_{xy}/(kN·m)	50501	78530	57650	93927

表 9-35　　　　　　　　　　　考虑 DAF 的荷载组合

工　况	ULS（风机荷载主导）	ULS（波浪荷载主导）	SLS（风机荷载主导）	SLS（波浪荷载主导）
水平力 F_{yz}/kN	9070	10141	6718	7512
弯矩 M_{yz}/(kN·m)	428666	364735	317531	270174

对工况以及频率进行复核，复核结果见表9-36所示，复核结果皆满足设计要求，因此桩基尺寸取变更后的值。

表9-36　　　　　　　　　　　复　核　结　果

地基承载力	计算值	允许值	是否满足设计要求
F/kN	9069.64835	78368.8152	满足
$M/(kN \cdot m)$	428666.43	4587038.65	满足
σ_{max}/MPa	128.175342	322.727273	满足
泥面位移/m	0.06288327	0.2	满足
泥面转角/(°)	0.2389067	0.25	满足
f_0	0.32165234	0.24	满足

随着风机使用时间的增加，结构固有频率的变化会影响结构的动力稳定性，由环境和机械荷载引起的共振可能会导致严重的崩塌，或减少疲劳寿命，降低可靠性。因此，研究土体刚度变化对结构固有频率的影响是一个重要方面。结构固有频率变化与土体刚度改变的关系曲线如图9-3所示。从图9-3中可知，土体刚度30%的变化所产生的固有频率的变化小于1.5%，从频率变化的角度来看，土体刚度的退化比硬化更为严重。

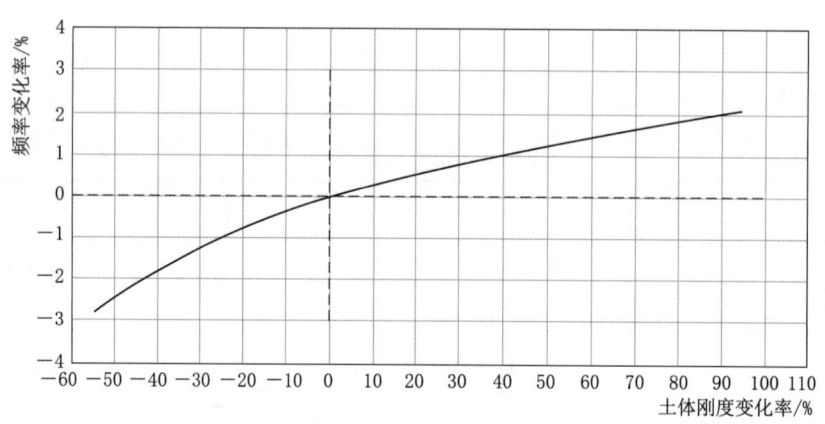

图9-3　频率随土体刚度变化曲线

在本案例中，整机固有频率随地基刚度的变化见表9-37。

表9-37　　　　　　　　　　　固 有 频 率 变 化 值

参　　数	符号	数值1	数值2	数值3	数值4	数值5	单位
地基刚度退化百分比	—	10	20	30	40	50	%
退化后整机固有频率	f_0	0.319	0.316	0.312	0.306	0.299	Hz

9.3.3.7 累积变形和转角

Byrne 和 Leblanc 对砂土中的刚性桩进行了试验,以评估其在泥面上累积转角的长期行为。试验中使用了两个主要参数:

$$\zeta_b = \frac{M_{max}}{M_R} \tag{9-29}$$

该值描述了荷载大小与桩身抗静力矩能力之间的关系。值在 0~1 之间。

$$\zeta_c = \frac{M_{min}}{M_{max}} \tag{9-30}$$

式（9-29）描述了荷载大小与桩身抗静力矩关系,其数值也在 0~1 之间。式（9-30）则描述了循环荷载的性质,其数值介于 -1~1 之间,当值为 -1 时,荷载为纯双向荷载;当值为 1 时,荷载为静荷载;而纯单向荷载时,取值为 0。

采用相对密度 $R_a = 4\%$ 和 $R_a = 38\%$ 两种不同的值进行荷载试验。经过 65000 次循环加载后,发现积存的倾斜度可由下式表达:

$$\theta_N = \theta_0 + \Delta\theta(N) \tag{9-31}$$

$$\Delta\theta(N) = \theta_s T_b(\zeta_b, R_d) T_c(\zeta_c) N^{0.31} \tag{9-32}$$

式中 R_d——砂土的相对密度;
θ_0——第一个荷载循环中最大荷载时的转角;
θ_s——桩在静荷载下的转角。

为简便起见,可将 $T_c(\zeta_c)$ 分段线性近似为:

$$T_c(\zeta_c) = \begin{cases} 13.71\zeta_c + 13.71 & (-1 \leqslant \zeta_c < -0.65) \\ -5.54\zeta_c + 1.2 & (-0.65 \leqslant \zeta_c < 0) \\ -1.2\zeta_c + 1.2 & (0 \leqslant \zeta_c < -1) \end{cases} \tag{9-33}$$

$T_b(\zeta_c, R_d)$ 可以由下式计算:

$$T_b = \begin{cases} 0.4238\zeta_b - 0.0217 & (R_d = 38\%) \\ 0.3087\zeta_b - 0.0451 & (R_d = 4\%) \end{cases} \tag{9-34}$$

输入参数见表 9-38。

表 9-38　　　　　　　　　累积变形计算输入参数

已输入/计算参数	符号	数值	单位
最大荷载弯矩	M_{max}	428666.4302	kN·m
最小荷载弯矩	M_{min}	0	kN·m
地基静弯矩承载能力	M_R	4587039	kN·m
砂土相对密度	R_d	4%	—
第一次循环荷载的最大值	M_0	182800	kN·m
最大循环荷载	M_S	182800	kN·m

续表

已输入/计算参数	符　号	数　值	单　位
水平刚度弹簧	K_L	0.53	GN/m
交叉耦合弹簧	K_{LR}	−5.40	GN
转动刚度弹簧	K_R	89.54	GN/rad
循环次数	N	10000000	times

将输入参数代入式（9-29）与式（9-30）得到 ζ_b 为 0.093，ζ_b 为 0。Leblanc 通过缩尺试验得到 T_b 与 ζ_b 的关系。试验中，对于相对密实度为 4% 的砂土，$\zeta_b=0.2\sim 0.53$；对于相对密实度为 38% 的砂土，$\zeta_b=0.27\sim 0.52$。Leblanc 将试验结果拟合成一条线性曲线，测试结果可以外推超出测量结果的范围，如图 9-4 所示。然而，线性方程分别以 0.15 和 0.06 的坐标穿过横坐标，低于这些值，方程取负值，这是不现实的。

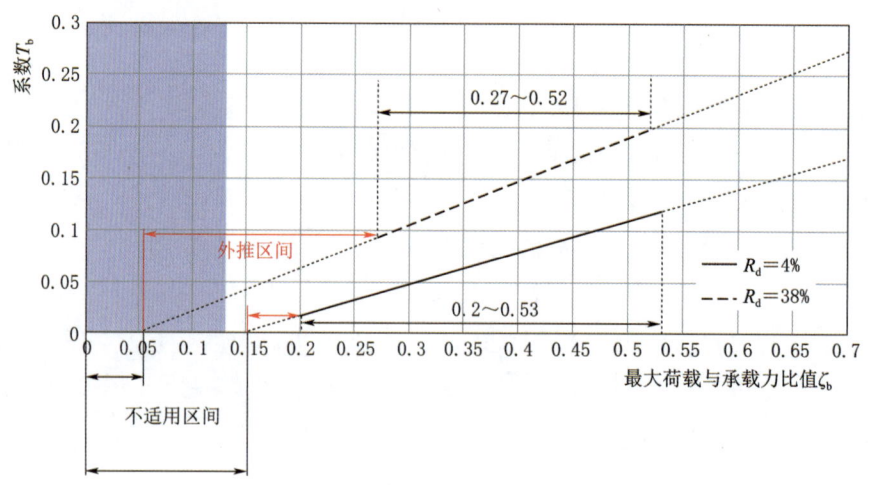

图 9-4　Leblanc 缩尺试验中 T_b 与 ζ_b 的关系

对于本设计实例，ζ_b 计算值为 0.093，T_b 将取到负值，因此是不合理的，当实际问题中的预期循环荷载量级低于缩尺试验的下限时，这种方法不再适用于桩基累积变形及转角的预测。

如果出现上述情况，则建议计算桩变形引起的土壤中相关应变水平的大小，以补充此分析，并根据现场土壤类型的预期最大应变水平来确定桩基长期受荷变形。依据阈值应变的概念，对土壤样品进行共振柱试验、循环单剪试验或循环三轴试验，可用于预测桩基的累积变形。

经过上述简化设计流程，最终得到桩基的初步设计尺寸为：直径 D 为 7.4m；壁厚 t 为 80.4mm；桩长 L 为 57.62m。

9.4 导管架设计实例

9.4.1 参数输入

导管架基础简化设计需要输入的参数见表9-39~表9-42。

表9-39　　　　　　　　　海洋环境载荷参数

海洋气象参数	符号	数值	单位
水深	S	50	m
空气密度	ρ_a	1.225	kg/m³
50年一遇有义波高	H_s	8.27	m
谱峰周期	T_s	9.97	s
50年一遇最大波高	H_m	15.33	m
海水密度	ρ_w	1030	kg/m³

表9-40　　　　　　　　　　风机参数

风机参数	符号	数值	单位
轮毂高度	Z_{hub}	70	m
叶轮直径	D	126	m
额定风速	U_R	11.4	m/s
机舱重量	m_{RNA}	350	t
风机转动速度范围	Ω	6.9~12.1	r/min

表9-41　　　　　　　　　　塔筒参数

塔筒参数	符号	数值	单位
塔筒顶部直径	D_t	4	m
塔筒底部直径	D_b	5.6	m
塔筒总质量	m_T	250	t
塔筒底至泥面的距离	L_s	41.48	m
塔筒长度	h_T	70	m
塔筒分布质量	M_t	3730	kg/m

表 9-42　　　　　　　　　　　　　　地　质　参　数

地质参数	符号	数值	单位
土体浮重度	γ	10	kN/m³
土体内摩擦角	φ	35	(°)
土体地基反力模量	n_h	60000	kN/m³

9.4.2　结构设计

9.4.2.1　导管架尺寸初步估计

根据 ULS 设计荷载对导管架平台尺寸进行估算，首先需要对导管架平台的高度 h_j 用下式进行估计：

$$h_j = S + H_m + 0.2 H_s = 50 + 15.33 + 0.2 \times (8.27) = 67 (\text{m})$$

顶部桩腿距离 L_{top} 综合考虑过渡段及平台高度后取 8m，桩腿倾角 α_v 取 1.75°，选择 4 层斜撑即 $i = 1, 2, \cdots, 4$，导管架平台具体尺寸定义如图 9-5 所示。

各尺寸之间关系如下：

$$L_i = m L_{i-1} = m^i L_{top}$$

$$h_{i+1} = m L_i = m^i h_1$$

$$m = \left(\frac{L_{bottom}}{L_{top}}\right)^{\frac{1}{N}} = \left(\frac{L_{top} + 2 h_j \tan\alpha_v}{L_{top}}\right)^{\frac{1}{N}} = \left[\frac{8 + 2 \times 67 \tan(1.75)}{8}\right]^{\frac{1}{4}} = 1.11$$

则各层桁架之间的高度分别为

$$h_j = h_1 \frac{m^N - 1}{m - 1} \geq h_j = h_1 \frac{m^N - 1}{m - 1} = 67 \times \frac{1.11 - 1}{1.11^4 - 1} = 14.23 (\text{m})$$

$$h_2 = m h_1 = 1.11 \times 14.23 = 15.8 (\text{m})$$

$$h_3 = m h_2 = 1.11 \times 15.8 = 17.5 (\text{m})$$

$$h_4 = m h_3 = 1.11 \times 17.5 = 19.43 (\text{m})$$

同样可以得出各桁架层水平长度为

$$L_1 = m L_{top} = 1.11 \times 8 = 8.9 (\text{m})$$

$$L_2 = 1.11 \times 8.9 = 9.9 (\text{m})$$

$$L_3 = 1.11 \times 9.9 = 11.0 (\text{m})$$

$$L_{bottom} = 1.11 \times 11.0 = 12.2 (\text{m})$$

水平角度支撑角 $\theta_h = \tan^{-1}\left[\frac{m-1}{(m+1)\tan\alpha_v}\right] = \tan^{-1}\left[\frac{1.11 - 1}{(1.11 + 2)\ \tan 1.75}\right] = 59.6°$，

满足最小角度 30°的要求。可以得到导管架的初始尺寸如图 9.6 所示。

9.4 导管架设计实例

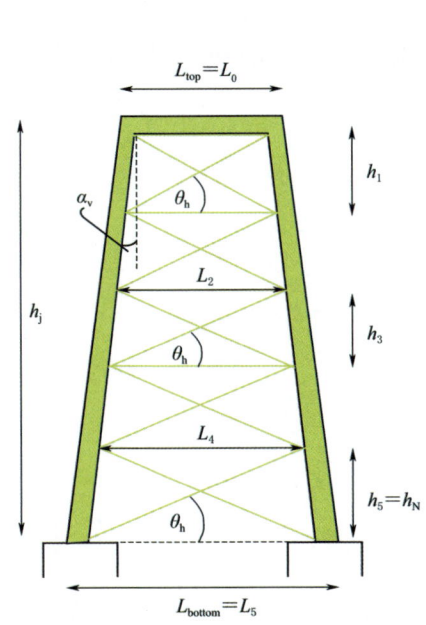

图 9-5 导管架尺寸定义

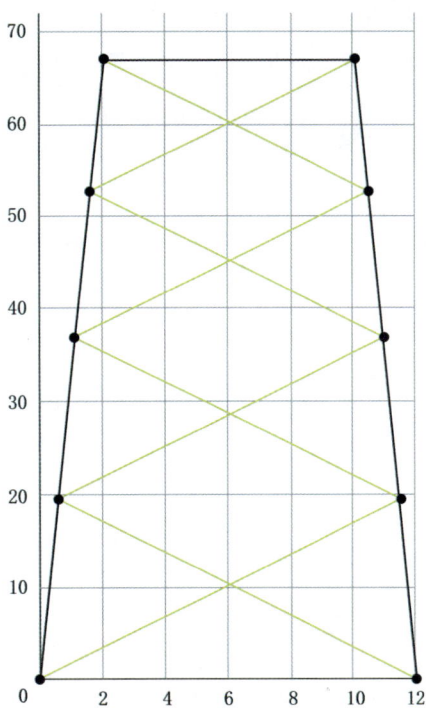

图 9-6 导管架初始尺寸（单位：m）

导管架基础一般设计固有频率应该为 0.35Hz 左右，求取桩腿截面直径，根据塔筒-导管架结构的固有频率，需要满足 $1P \sim 3P$ 的频率要求：

$$f_{fb} = \frac{1}{2\pi}\sqrt{\frac{3EI_{T-J}}{(0.243m_t h_{total} + m_{RNA})(h_{total})^3}} \quad (9-35)$$

$$0.35 = \frac{1}{2\pi}\sqrt{\frac{3EI_{T-J}}{[0.243(3730 \times 140) + 350000](140)^3}} \quad (9-36)$$

可得 $EI_{T-J} = 1.54 \times 10^{12} \text{N} \cdot \text{m}^2$，其中 h_{total} 是塔筒高度和导管架高度的和，E 为弯曲刚度，导管架高度为 $h_J = 67 \text{m}$，塔筒高度 $h_T = 70 \text{m}$，导管架平台高度定义为从底部基线至过渡段的距离。

9.4.2.2 导管架平台抗弯刚度

导管架平台的抗弯刚度按照以下公式进行计算：

$$EI_{T-J} = E_T I_T \left(\frac{1}{1+(1+\psi)^3 \chi - \chi}\right)\left(\frac{h_J + h_T}{h_T}\right)^3 \quad (9-37)$$

$$D_T = \frac{D_{top} + D_{bottom}}{2} = \frac{4 + 5.6}{2} = 4.8(\text{m}) \quad (9-38)$$

$$t_T = \frac{m_T}{\rho \pi h_T D_T} = \frac{261100}{7850\pi \times 70 \times 4.8} = 31.5(\text{mm}) \quad (9-39)$$

其中 t_T 是指平均厚度。则其他一些参数进而可以得出：

$$I_{top} = \frac{\pi}{8} D_{top}^3 t_T = \frac{\pi}{8} \times 4^3 \times 0.0315 = 0.7917 (m) \quad (9-40)$$

$$q = \frac{D_{bottom}}{D_{top}} = \frac{5.6}{4.0} = 1.4 \quad (9-41)$$

$$f(q) = \frac{1}{3} \times \frac{2q^2(q-1)^3}{q^2(2\ln q - 3) + 4q - 1} = \frac{1}{3} \times \frac{2 \times 1.4^2(1.4-1)^3}{1.4^2(2\ln 1.4 - 3) + 4 \times 1.4 - 1} = 2.1 \quad (9-42)$$

$$EI_T = EI_{top} f(q) \quad (9-43)$$

$$EI_T = 2.1 \times 10^{11} \times 0.7917 \times 2.146 = 3.57 \times 10^{11} (N \cdot m^2) \quad (9-44)$$

$$\Psi = \frac{h_J}{h_T} = \frac{67}{70} = 0.96 \quad (9-45)$$

$$1.44 \times 10^{12} = \left[\frac{3.48 \times 10^{11}}{1 + (1+0.96)^3 \chi - \chi} \right] \left(\frac{67+70}{70} \right)^3 \quad (9-46)$$

其中 $\chi = \frac{E_T I_T}{E_J I_J} = 0.12$，可得 $E_J I_J = 3.0 \times 10^{12} N \cdot m^2$ 是导管架基础的等效刚度，最终，可以估算出导管架桩腿直径为1000mm，厚度为40mm，等效截面积为 $0.12m^2$，斜撑直径为 $0.4m$，壁厚为20mm，等效截面积为 $0.024m^2$，斜撑直径为600mm，厚度为20mm。

9.4.3 结构校核

9.4.3.1 荷载计算

根据 ULS 设计荷载计算极端湍流和工况情况下的风荷载：

$$F_{NTM} = \frac{1}{2} \rho_a A_R C_T (U_R + u)^2 \quad (9-47)$$

其中 u 为相对风速，一般湍流情况下的风载荷服从正态分布，置信区间为95%，则风速 u 可通过以下公式进行计算：

$$u = 2\sigma_{U,ETM, f>1p} \quad (9-48)$$

$$\begin{aligned} \sigma_{U,ETM} &= c I_{ref} \left[0.072 \left(\frac{U_{avg}}{c} + 3 \right) \left(\frac{U_{hub}}{c} - 4 \right) + 10 \right] \\ &= 2 \times 0.18 \left[0.072 \left(\frac{11.5}{2} + 3 \right) \left(\frac{11.5}{2} - 4 \right) + 10 \right] \\ &= 4 \end{aligned} \quad (9-49)$$

为简化计算，c 取 2m/s，U_{avg} 和 U_{hub} 按 U_R 考虑。

$$\sigma_{U,ETM, f>1p} = \sqrt{\int_{f_{1p,max}}^{\infty} S_{uu}(f) df}$$

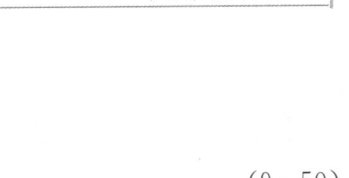

$$= \sigma_{U,\text{ETM}} \sqrt{\frac{1}{\left(\frac{6L_K}{U_R}f_{1p,\max}+1\right)^{\frac{2}{3}}}} \quad (9-50)$$

$$= 4 \times \sqrt{\frac{1}{\left(\frac{6 \times 340.2}{11.5} \times \frac{12.1}{60}+1\right)^{\frac{2}{3}}}} = 1.2$$

可得

$$u = 2\sigma_{U,\text{ETM},f>1p} = 2 \times 1.2 = 2.4(\text{m/s})$$

式 (9-47) 中 C_T 为相对系数，与风机额定转速 U_R 和风速 u 有关，即

$$C_T = \frac{3.5(2U_R+3.5)}{U_R^2} = \frac{3.5 \times (2 \times 11.5+3.5)}{11.5^2} = 0.7 \quad (9-51)$$

则可以得出极端风荷载为：

$$F_{\text{NTM}} = \frac{1}{2} \times 1.225 \times 12469 \times 0.7 \times (11.5+2.4)^2 = 1.03(\text{MN}) \quad (9-52)$$

$$M_{\text{NTM}} = F_{\text{NTM}}(h_j + h_T) = 140.9 \text{MN} \cdot \text{m} \quad (9-53)$$

而 50 年一遇极端风载荷求解过程类似，为符合实际情况，一般风载荷还需乘以系数，此处取 0.96。

$$F_{\text{EOG}} = 2.17\text{MN} \quad (9-54)$$

$$M_{\text{EOG}} = 297.29\text{MN} \quad (9-55)$$

根据 ULS 设计载荷求解 1 年一遇极端波高和 50 年一遇极端波高，极端波高可通过有义波高进行计算，$H_{S,1}$ 为 1 年一遇有义波高，$H_{m,1}$ 为 1 年一遇极端波高，可通过以下公式进行计算：

$$H_{S,1} = 0.8 H_{S,50} = 0.8 \times 8.27 = 6.6(\text{m}) \quad (9-56)$$

$$T_{S,1} = 11.1 \sqrt{\frac{H_{S,1}}{g}} = 11.1 \times \sqrt{\frac{6.6}{9.81}} = 9.1(\text{s}) \quad (9-57)$$

$$H_{m,1} = H_{S,1} \sqrt{\frac{1}{2}\ln N} = H_{S,1} \sqrt{\frac{1}{2}\ln\left(\frac{10800}{T_{S,1}}\right)} = 12.42(\text{m}) \quad (9-58)$$

$$T_{m,1} = 11.1 \sqrt{\frac{H_{m,1}}{g}} = 11.1 \times \sqrt{\frac{12.42}{9.81}} = 12.49(\text{s}) \quad (9-59)$$

50 年一遇极端波浪可相似得出：

$$H_{m,50} = H_{S,50} \sqrt{\frac{1}{2}\ln\left(\frac{10800}{T_{S,50}}\right)} = 15.29(\text{m}) \quad (9-60)$$

$$T_{m,50} = 11.1 \sqrt{\frac{H_{m,50}}{g}} = 11.1 \times \sqrt{\frac{15.29}{9.81}} = 13.86(\text{s}) \quad (9-61)$$

根据以上载荷理论可以得到导管架结构的风荷载见表9-43，波浪荷载见表9-44。

表 9-43　　　　　　　　　　风　荷　载

风荷载	数值	单位
F_{NTM}	0.99	MN
F_{EOG}	2.09	MN
M_{ETM}	135.68	MN·m
M_{EOG}	286.68	MN·m

表 9-44　　　　　　　　　　波　浪　荷　载

波浪荷载	数值	单位
$F_{1,m}(DAF=1.1)$	1.71	MN
$F_{50,m}(DAF=1.06)$	2.69	MN
$M_{1,m}(DAF=1.1)$	63.17	MN·m
$M_{50,m}(DAF=1.06)$	97.5	MN·m

表 9-45　　　　　　　　　　荷　载　组　合

荷载组合（系数取1.35）	数值	单位
$F_{NTM}+F_{50,m}$	4.97	MN
$F_{EOG}+F_{1,m}$	5.13	MN
$M_{ETM}+M_{50,m}$	314.79	MN·m
$M_{EOG}+M_{1,m}$	471.76	MN·m

9.4.3.2　斜撑承载力

将最大承载力施加到四根桩腿上，可得到单个桩腿的最大水平承载力为：

$$H=\frac{F_{EOG}+F_{1,m}}{4}=\frac{5.13}{4}=1.28(\mathrm{MN}) \qquad (9-62)$$

因此，底部斜撑所受的轴向力为 $F_b=\dfrac{H}{\cos\theta_h}=\dfrac{1.28}{\cos 59.4°}=2.51(\mathrm{MN})$，根据 API 规范，细长管件结构的抗弯强度需根据抗弯准则进行计算，长细比为 $\dfrac{kL}{r}=\dfrac{0.8\times 22.57}{0.205}=88$，其中底部斜撑长度为 22.57m，回转半径为 0.205m（斜撑截面直径为 0.6m，壁厚 20mm，可以根据截面尺寸求出）。

则管件的许用压应力为：

$$\sigma_{\text{allowable}}=\frac{\left(1-\left(\dfrac{kL}{\sqrt{2}rC_c}\right)\right)}{\dfrac{5}{3}+\dfrac{3kL}{8rC_c}-\dfrac{1}{8}\left(\dfrac{kL}{C_c r}\right)^3} \qquad (9-63)$$

其中 $C_c = \sqrt{\dfrac{2\pi^2 E}{f_y}} = 108.05$，则 $\sigma_{\text{allowable}} = 0.35 f_y$，则对应钢材的最大许用轴向压应力为

$$F = \dfrac{\sigma_{\text{allowable}} A_{\text{brace}}}{1.15} = \dfrac{0.35 \times 355 \times 0.036}{1.15} = 3.9 (\text{MN})$$

式中的 1.15 为材料的安全系数，显然斜撑所受轴向压应力 2.51MN < 3.9MN，符合要求。

9.4.3.3 ULS 校核

当风荷载和波浪荷载以和 x 轴成 45°方向作用于桩腿上时，桩腿会受到最大的荷载。结构整体自重采用 1.3 的安全系数后为 18.72MN，对于受拉杆件，安全系数为 0.9（重力载荷 W_{net} 为 14.4MN），则桩腿的轴向载荷可通过以下公式计算：

$$V_1 = V_3 = -\dfrac{1}{2L_{\text{bottom}}}(M_{\text{wind}} + M_{\text{wave}}) - \dfrac{W_{\text{net}}}{4} = -32.47(\text{MN}) \qquad (9-64)$$

$$V_2 = V_4 = \dfrac{1}{2L_{\text{bottom}}}(M_{\text{wind}} + M_{\text{wave}}) - \dfrac{W_{\text{net}}}{4} = 25(\text{MN}) \qquad (9-65)$$

同样采用压弯准则，k 取 1，桩腿长 19.4m，可以求出导管架桩腿管构件 (1000mm×40mm) 的许用压应力小于施加的受压载荷 32.72MN，为了满足许用应力要求，将桩径调整为 1200mm，壁厚 65mm，计算可得 $\dfrac{kL}{r} = \dfrac{1.0 \times 19.4}{0.404} = 48.02$，$\sigma_{\text{allowable}} = 0.49 f_y$。

则许用应力为 $F = \dfrac{\sigma_{\text{allowable}} A_{\text{brace}}}{1.15} = \dfrac{0.49 \times 355 \times 0.232}{1.15} = 35.09(\text{MN})$，当调整桩径后，对载荷组合进行更新迭代，见表 9-46。

表 9-46　　　　　　　　对载荷组合进行更新迭代的结果

波浪荷载	数　值	单　位
$F_{1,m}(DAF=1.1)$	1.89	MN
$F_{50,m}(DAF=1.06)$	2.95	MN
$M_{1,m}(DAF=1.1)$	69.63	MN·m
$M_{50,m}(DAF=1.06)$	106.75	MN·m
荷载组合（系数取 1.35）	数值	单位
$F_{\text{NTM}} + F_{50,m}$	5.33	MN
$F_{\text{EOG}} + F_{1,m}$	5.38	MN
$M_{\text{ETM}} + M_{50,m}$	325	MN·m
$M_{\text{EOG}} + M_{1,m}$	480.08	MN·m

重新计算施加在斜撑上的荷载：

$$F_b = \frac{H}{\cos\theta_h} = 2.63(\text{MN}) \quad (9-66)$$

桩腿上的轴向应力和压应力载荷为

$$V_1 = V_3 = -\frac{1}{12}\left(\frac{480.08}{\sqrt{2}}\right) - \frac{22.24}{4} = -33.8(\text{MN}) \quad (9-67)$$

$$V_2 = V_4 = \frac{1}{12}\left(\frac{480.08}{\sqrt{2}}\right) - \frac{15.408}{4} = 24.4(\text{MN}) \quad (9-68)$$

显然，它们都满足许用应力的要求，符合 ULS 判据。

9.4.3.4 基于 ULS 判据设计桩基尺寸

根据 ULS 判据来估计导管架桩基的直径，此处岩土贯入深度为 50m，材料安全系数取 1.15，重力安全系数取 1.25。对于"软土"地基，岩土内摩擦角为 $\varphi' = 35°$，砂土和桩的界面摩擦角为 $\delta = 29°$，根据 API 规范，轴摩擦极限值为 95.7kPa。同样基于 API 等式，桩基的厚度为 $t = 6.35 + \frac{D}{100} = 6.35 + \frac{2500}{100} \approx 31.35(\text{mm})$。考虑到安全性，桩基厚度取 32mm。

9.4.3.5 频率校核

导管架桩腿截面尺寸为 1200mm×65mm，斜撑截面尺寸为 600mm×30mm，因此，导管架的分布质量为 $m_J = 8850\text{kg/m}$。导管架系统固有频率按照以下步骤进行计算。

1. 计算导管架刚度 EI_J

直径 1.2m、壁厚 65mm 的 2 个导管架支腿面积为：$A_c = 2 \times \frac{\pi(1.2^2 - 1.07^2)}{4} = 0.464(\text{m}^2)$，则

$$I_{\text{top}} = \frac{0.464 \times 8^2}{2} = 14.848(\text{m}^4)$$

$$m = \frac{12}{8} = 1.5 \quad (9-69)$$

$$f(m) = \frac{1}{3} \times \frac{1.5(1.5-1)^3}{1.5^2 - 2 \times 1.5\ln 1.5 - 1} = 1.86 \quad (9-70)$$

$$EI_J = EI_{\text{top}} f(m) = 2.1 \times 10^{11} \times 1.86 \times 14.83 = 5.79 \times 10^{12}(\text{N}\cdot\text{m}^2) \quad (9-71)$$

2. 计算塔筒刚度 EI_T

由于

$$D_T = \frac{4+5.6}{2} = 4.8(\text{m}) \quad (9-72)$$

$$t_T = \frac{261100}{7850\pi \times 70 \times 4.8} = 31.5(\text{mm}) \quad (9-73)$$

$$I_{\text{top}} = \frac{\pi}{8} \times 4^3 \times 0.0315 = 0.7917(\text{m}^4) \tag{9-74}$$

$$f(q) = \frac{1}{3} \times \frac{2 \times 1.4^2 \times (1.4-1)^3}{1.4^2 \times (2\ln 1.4 - 3) + 4 \times 1.4 - 1} = 2.146 \tag{9-75}$$

故 $\quad EI_T = 2.1 \times 10^{11} \times 0.7917 \times 2.146 = 3.57 \times 10^{11}(\text{N} \cdot \text{m}^2) \tag{9-76}$

3. 计算等效导管架——塔筒刚度 EI_{T-J}

由于 $\quad \Psi = \dfrac{67}{70} = 0.96$

$$\chi = \frac{3.48 \times 10^{11}}{5.79 \times 10^{12}} = 0.06 \tag{9-77}$$

故 $\quad EI_{T-J} = \left[\dfrac{3.48 \times 10^{11}}{1 + (1+0.96)^3 \times 0.06 - 0.06}\right] \times \left(\dfrac{67+70}{70}\right)^3$

$$= 1.92 \times 10^{12}(\text{N} \cdot \text{m}^2) \tag{9-78}$$

4. 计算等效分布质量 m_{eq}

采用以下公式对导管架-过渡段-塔筒系统的等效分布质量进行计算:

$$m_{eq} = \frac{\int m(z)\phi_1^2 \text{d}z}{\int \phi_1^2 \text{d}z} = \frac{\sum_{i=1}^{n} m_i \int_{z(i-1)}^{z(i)} \phi_1^2 \text{d}z}{\int_0^{z(i)} \phi_1^2 \text{d}z} = \frac{m_J \int_0^{h_J} \phi_1^2 \text{d}z + m_T \int_{h_J}^{h_T+h_J} \phi_1^2 \text{d}z}{\int_0^{h_T+h_J} \phi_1^2 \text{d}z} \tag{9-79}$$

则可以得到 $\int_0^{h_J} \phi_1^2 z = \int_0^{67} \phi_1^2 z = 155 - 46 = 109$, $\int_{h_J}^{h_J+h_T} \phi_1^2 z = 1126 - 155 = 971$, $\int_0^{h_T+h_J} \phi_1^2 z = \int_0^{137} \phi_1^2 z = 1126 - 46 = 1080$, 等效质量 m_{eq} 为:

$$m_{eq} = \frac{8.85 \times 109 + 3.73 \times 971}{1080} \approx 4.25(\text{T/m})$$

5. 计算系统固有频率 f_{fb}

计算系统固有频率 f_{fb} 为

$$f_{fb} = \frac{1}{2\pi}\sqrt{\frac{3EI_{T-J}}{(0.243 m_{eq} h_{\text{total}} + M_{\text{RNA}})(h_{\text{total}})^3}} = 0.34(\text{Hz}) \tag{9-80}$$

6. 计算系统柔性频率 f_0

通过估算基础的竖向刚度计算柔性系数 C_J, 土体的竖向刚度按以下公式进行计算:

$$k_V = \frac{2\pi L_p G_s}{\xi}$$

$$= \frac{2\pi(50 \times 15 \times 10^6)}{4} \tag{9-81}$$

$$= 1.1781 \times 10^9(\text{N/m})$$

其中 G_s 是桩底和桩顶之间的平均剪切模量值，取 15MPa。

$$k_R = k_V L_{bottom}^2 \left(\frac{\alpha}{1+\alpha}\right)$$
$$= 1.12 \times 10^9 \times 12^2 \times \left(\frac{1}{1+1}\right) \quad (9-82)$$
$$= 8.1 \times 10^{10} (\text{N} \cdot \text{m})$$

$$\tau = \frac{k_R h_{total}}{EI_{T-J}} = \frac{2 \times 8.1 \times 10^{10} \times 137}{1.87 \times 10^{12}} = 11.87 \quad (9-83)$$

$$C_J = \sqrt{\frac{\tau}{\tau+3}} = \sqrt{\frac{11.87}{11.87+3}} = 0.89 \quad (9-84)$$

可以得到柔性频率 $f_0 = C_J f_{fb} = 0.89 \times 0.34 = 0.30(\text{Hz})$，此频率在 $1P \sim 3P$ 之间，符合要求。

9.4.3.6 自振频率变化

随着风机使用时间的增加，结构的自振频率将会发生变化，进而影响结构的动力稳定性，减少疲劳寿命，降低可靠性，严重时会引起环境和机械荷载共振，导致结构崩塌。因此，研究土体刚度变化对结构固有频率的影响是一个重要方面。结构固有频率变化与土体刚度改变的关系曲线如图 9-7 所示。从图 9-7 中可以看出，土体刚度 20% 的变化所产生的固有频率的变化小于 2%，由此可以看出，由于导管架基础桩基较深，其固有频率不易受到土体刚度变化的影响。

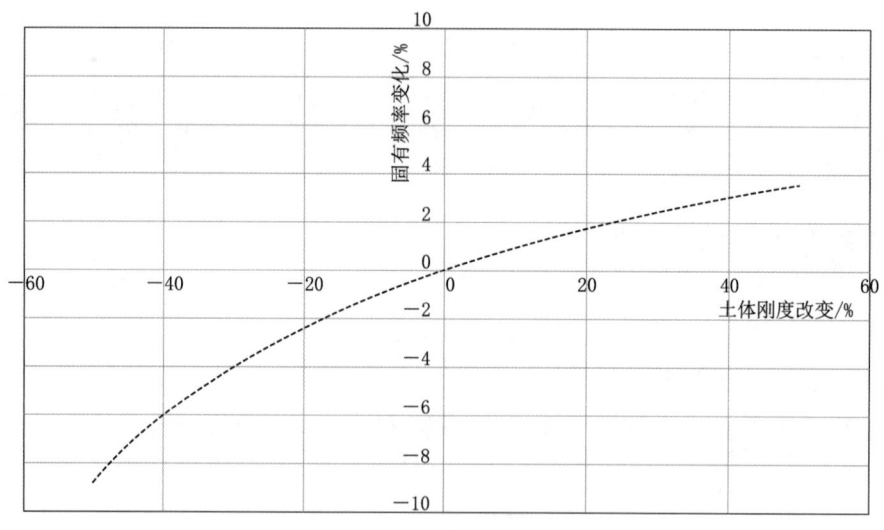

图 9-7 频率随土体刚度变化曲线

9.4.3.7 结构变形

通过 SLS 判据来验证结构变形，此处采用正常工况（1 年一遇极端海况），加载系数取 1.0。当选择这种工况时，风荷载通过常规湍流模型计算为 0.91MN，波浪载荷采用 1 年一遇极端海况为 0.5MN，施加在基础上的力矩为 19.92MN·m，则波浪载荷作用点与基础底部的距离为 19.92/0.5＝39.84(m)，风荷载和波浪荷载作用点之间的距离为 137－39.84＝97.16(m)。则波浪荷载引起的结构挠度变形可以通过以下公式计算：

$$\begin{aligned}\delta_{\text{wave}} &= \frac{F_{\text{wave}} h_{\text{total}} (h_{\text{total}} - a)}{k_R} + \frac{F_{\text{wave}} h_{\text{total}}^3}{3EI_J} \left[\frac{h_{\text{total}}^2 - a^2}{3} - \frac{a(h_{\text{total}}^2 - a^2)}{2} \right] \\ &= \frac{0.5 \times 10^6 \times 137 \times 39.84}{8.1 \times 10^{10}} + \frac{0.5 \times 10^6}{3 \times 5.36 \times 10^{12}} \\ &\quad \times \left[\frac{137^3 - 97.16^2}{3} - \frac{97.16 \times (137^2 - 97.16^2)}{2} \right] \\ &= 0.0367(\text{m}) \end{aligned} \quad (9-85)$$

风荷载引起的结构变形通过以下公式进行计算：

$$\begin{aligned}\delta_{\text{wind}} &= \frac{F_{\text{wind}} h_{\text{total}}^2}{k_R} + \frac{F_{\text{wind}} h_{\text{total}}^3}{3EI_{T-J}} \\ &= \frac{0.91 \times 10^6 \times 137^2}{8.1 \times 10^{10}} + \frac{0.91 \times 10^6 \times 137^3}{3 \times 1.97 \times 10^{12}} \\ &= 0.607(\text{m}) \end{aligned} \quad (9-86)$$

显然，结构的变形符合 SLS 判据，本实例仅仅对导管架设计进行了简单的示例，具体是否符合实际情况，还需要通过更多的数据进行更深一步的计算。

本实例最终得到导管架的基本尺寸见表 9-47。

表 9-47　　　　　　　　　　导管架基本尺寸设计结果

参　数	符　号	数　值	单　位
导管架高度	h_J	67	m
导管架桩腿截面尺寸		1200×60	mm
斜撑截面尺寸		600×30	mm
桩腿倾角	α_v	1.75	(°)
斜撑水平夹角	θ_h	59.7	(°)
顶部桩腿间距	L_{top}	8	m
底部桩腿间距	L_{bottom}	12	m
桩基直径	D_{ft}	2.5	m
桩基厚度	t_{ft}	32	mm
桩基深度	h_{ft}	50	m

参 考 文 献

[1] Global Wind Energy Council. Global wind report [R]. Lisbon：GWEC，2022.

[2] 张双益，胡非，王益群，等. 大型海上风电场尾流模型及大气稳定度影响研究 [J]. 风能，2017 (0-8)：62-67.

[3] SENGER A，RADTKE K，TSCHIERSCHKE M. MHI Vestas Signs Tower Supply Purc-hase A-greement in Taiwan [EB/OL]. [2020-08-19]. https：//w3. windfair. net/wind-energy/news/35285-mhi-vestas-towers-cs-wind-chin-fong-partnership-turbine-oem-taiwan-offshore-wind-turbine-asia-pacific-local-content-changfang-xidao-zhong-neng-wind-farm.

[4] 东博社. 中船广西海上风电产业基地项目明年形成生产能力 [EB/OL]. [2021-09-27]. https：//www. 163. com/dy/article/GKT9PSRG0512DAHC. html.

[5] BENTO N，FONTES M. Direction and legitimation in system upscaling-planification of floating offshore wind [R]. Lisbon：Centre for the study of Socio-economicChange and Territory，2017.

[6] KIPKE V，CHHOR J，SOURKOUNIS C. Development of a 3D wind flow model for real-time wind farm simulation [C] // 2019 International Confere-nce on C-lean Electrical Power（ICCEP）. Beijing：IEEE，2019.

[7] 润邦海洋. 润邦制造，超大型海上风电单桩基础今日发运！ [EB/OL]. [2019-10-28]. http：//roc. rainbowco. com. cn/article/2231. html.

[8] 奥夫少. 别了！英国本土第一座海上风电场即将退役！ [EB/OL]. [2019-03-13]. http：//www. eastwp. net/news/show. php？itemid＝54242.

[9] Leibniz Universität Hannover. Suction Bucket Gründungen als innovatives und montageschallreduziertes Konzept für Offshore-Windenergieanlagen [EB/OL]. [2021-08-17]. https：//www. massivbau. uni-hannover. de/de/forschung/forschungsprojekte/forschungsprojekte-detailansicht/projects/suction-bucket-gruendungen-als-innovatives-und-montageschallreduziertes-konzept-fuer-offshore-windener/.

[10] 汪泽. 你猜，40层楼高的"大风车"放进大海总共分几步 [EB/OL]. [2017-10-20]. https：//zhuanlan. zhihu. com/p/30308508.

[11] Wikipedia. Tripod（foundation）[EB/OL]. （2012-2-25）[2021-8-25]. https：//en. wikipedia. org/wiki/Tripod_（foundation）.

[12] 欧洲海上风电公众号. 干货收藏：一文看尽！海上风电机组固定式基础大全 [EB/OL]. [2018-01-24]. https：//www. sohu. com/a/218794285_680494.

[13] Dong Energy. First suction bucket jacket is complete [EB/OL]. [2014-09-02]. https：//www. offshorewindindustry. com/news/first-suction-bucket-jacket-complete.

[14] Engineers Online. Hydro en Siemens ontwikkelen drijvende windmolens [EB/OL]. [2007-07-05]. https://www.engineersonline.nl/nieuws/id7778-hydro-en-siemens-ontwikkelen-drijvende-windmolens.html.

[15] WIKIMEDIA COMMONS. File：Agucadoura WindFloat Prototype.jpg [EB/OL]. (2012-03-09) [2020-10-05]. https://commons.wikimedia.org/wiki/File：Agucadoura_WindFloat_Prototype.j-pg.

[16] CHUANG D. 向深水區邁進，GE打算開發12MW巨型浮動式離岸風機 [EB/OL]. [2021-05-27]. https://www.re.org.tw/news/more.aspx?cid=199&id=3988.

[17] Intesea worley group. PivotBuoy-an innovative mooring system platform [EB/OL]. [2019-12-19]. https://www.advisian.com/en/case-studies/pivotbuoy—an-innovative-mooring-system-platform#.

[18] G. Nikitas, Nathan J. Vimalan, S. Bhattacharya, An innovative cyclic loading device to study long term performance of offshore wind turbines [J]. Soil Dynamics and Earthquake Engineering, 2016, 82: 154-160.

[19] 王勇强，陈静，兰小华，等. 单桩基础冲刷对海上风电结构的影响 [J]. 武汉大学学报（工学版），2020，53（S1）：192-195.

[20] DNV GL. Support structures for wind turbines: DNVGL-ST-0126 [S]. Oslo, Norway: DN-VGL, 2018.

[21] WHITEHOUSE R. Scour at marine structures: A manual for practical applications [M]. London: Thomas Telford Publications, 1998.

[22] SMER B M, PETERSEN T U, LOCATELLI L, et al. Backfilling of a scour hole arou-nd a pile in waves and current [J]. Journal of Waterway, Port, Coastal, and Ocean Engin-eering, 2013, 139 (1): 9-23.

[23] 韩海骞. 潮流作用下桥墩局部冲刷研究 [D]. 杭州：浙江大学，2006.

[24] DGoffshore. 非常全面的风电介绍，值得收藏 [EB/OL]. [2017-04-15]. https://m.sohu.com/a/134172131_711425/?pvid=000115_3w_a.

[25] ENGCREW. Germany Peter Madsen Rederi Completes Scour Protection at Amrumbank [EB/OL]. [2013-11-25]. https://www.offshorewind.biz/2013/11/25/germany-peter-madsen-rederi-completes-scour-protection-at-amrumbank/.

[26] 杜硕. 海上风电单桩基础局部冲刷特性及固化土防护研究 [D]. 南京：东南大学，2021.

[27] 史忠强. 海上风电复合筒型基础周围局部冲刷研究 [D]. 天津：天津大学，2014.

[28] 姜松. 波流共同作用下大直径圆柱周围冲刷及水动力特性研究 [D]. 长沙：长沙理工大学，2019.

[29] 陈琛. 冲刷对海上风电单桩基础受力性能的影响研究 [D]. 上海：上海交通大学，2020.

[30] ZHANG C, ZHANG Z, LIU L. Degradation in pitting resistance of 316L stainless steel under hydrostatic pressure [J]. Electrochimica Acta, 2016, 210: 401-406.

[31] 李美朋，徐群杰，韩杰. 海上风电的防腐蚀研究与应用现状 [J]. 腐蚀与防护，2014，35：584-589.

[32] 穆点咨询. 台风 极寒 腐蚀 雷击 海上风电将如何面对这些考验 [EB/OL]. [2013-03-12]. http://md-c.net/news_x-421-1.html.

[33] 刘新. 海上风电场的防腐蚀涂装 [J]. 中国涂料, 2011, 24 (11): 17-25.

[34] 赵琪慧. 海上平台腐蚀环境分析与防腐配套涂料体系设计 [J]. 上海涂料, 2012, 50 (2): 19-22.

[35] 居一. 海上风机钢结构防护涂料系统的防腐蚀保护 [C] // 石中瑷, 薛利群, 张延猛. 第三届亚太地区潜水与水下技术论坛论文集. 北京: 海洋出版社, 2008.

[36] 田惠文, 李伟华, 宗成中, 等. 海洋环境钢筋混凝土腐蚀机理和防腐涂料研究进展 [J]. 涂料工业, 2008, 38 (8): 62-67.

[37] 诸葛赞. 海港钢筋混凝土码头防腐技术研究 [J]. 城市建设理论研究 (电子版), 2014 (33): 751.

[38] 龙船风电网. 专业高速双体运维船"海电运维101"介绍 [EB/OL]. [2021-05-24]. https://w-ind.imarine.cn/news/14824.html.

[39] DAMEN. First Damen Fast Crew Supplier with motion-compensated gangway system enters service [EB/OL]. [2018-05-01]. https://archive.damen.com/en/news/2018/05/first_damen_fast_crew_supplier_with_motion_compensated_gangway_system_enters_service.